Albrecht Beutelspacher

Wie man in
eine Seifenblase
schlüpft

Mit zahlreichen, überwiegend farbigen Abbildungen

© Verlag C.H.Beck oHG, München 2015
Gesetzt im Verlag aus der Schneidler regular
Druck und Bindung: Druckerei Appl, Wemding
Umschlaggestaltung: Geviert, Grafik & Typografie, München,
unter Verwendung von Motiven von shutterstock
Autorenfoto: Rolf K. Wegst
Gedruckt auf säurefreiem, alterungsbeständigem Papier
(hergestellt aus chlorfrei gebleichtem Zellstoff)
Printed in Germany
ISBN 978 3 406 68135 6

www.beck.de

Inhalt

Vorwort

Das Mathematikum in Gießen ist das erste mathematische Mitmachmuseum (Science Center) der Welt. Es hat das Ziel, Menschen einen neuen Zugang zur Mathematik zu erschließen. Seit seiner Eröffnung im Jahr 2002 haben die vielen Experimente jährlich etwa 150 000 Besucher angezogen.

Dieses Buch ist für die Besucher des Mathematikums nützlich, die mehr über die Experimente erfahren möchten. In gleicher Weise ist dieses Buch aber auch für Leser geeignet, die das Mathematikum nicht besucht haben. Sie gewinnen einen Einblick in die faszinierende Welt mathematischer Experimente und damit auch einen ersten Eindruck von der Mathematik selbst.

Mit der Vermittlung von Mathematik durch Experimente hat das Mathematikum Neuland betreten. Der spielerische Zugang über Knobelspiele, durch Brückenbauen, durch Experimentieren mit Seifenhäuten hat eine Haltungsänderung gegenüber der Mathematik bewirkt. Jedenfalls äußern sich viele Besucher geradezu beglückt über den befreienden Zugang, den sie im Mathematikum zur Mathematik gefunden haben. Die «Mathematik zum Anfassen» mit Experimenten zu den Themen Zahlen, Funktionen und Zufall hat viele Lehrerinnen und Lehrer motiviert, ihren Mathematikunterricht für Experimente zu öffnen. Das Mathematikum hat eine ganze Reihe von vergleichbaren Institutionen angeregt oder war sogar stilbildend, so zum Beispiel für das Erlebnisland Mathematik Dresden, das MoMath New York und das Museu de Mathemàtiques a Catalunya in Barcelona.

Das zugrunde liegende Prinzip hat bereits eine Geschichte. So war schon für den Pädagogen Johann Heinrich Pestalozzi (1746–1827) der Dreiklang «Kopf, Herz und Hand» die Grundlage für die Unterstützung kindlicher Entwicklung. In der heutigen englischsprachigen Science-Center-Szene heißt das entsprechende Schlagwort «hands-on, minds-on, hearts-on».

Nun könnte man einwenden, dass in der Mathematik Experimente keine Rolle spielen. In den Naturwissenschaften - Physik, Chemie und Biologie - werden Experimente durchgeführt, um Naturgesetze zu verifizieren beziehungsweise Hypothesen zu falsifizieren. Demgegenüber beruht die

Wahrheitssicherung in der Mathematik ausschließlich auf dem logischen Argumentieren, den berühmten Beweisen.

In der Mathematik haben Experimente eine ganz andere Funktion als in den Naturwissenschaften. Äußerlich haben sie alles, was ein Experiment ausmacht: Man sieht bunte Klötze, die darauf warten, zusammengesetzt zu werden, vor einem liegen Kugeln, die man eine Bahn hinabrollen lässt, man möchte mit einer Schnur einen Weg nachlegen. Man spricht auch von «interaktiven Experimenten». Das bringt zum Ausdruck, dass jedes Experiment nur dann funktioniert, wenn es zu einer Interaktion, einem Zusammenspiel zwischen eigentlichem Experiment und dem Besucher kommt. Es verändert sich etwas: Das Experiment sieht nach dem Experimentieren anders aus als vorher. Aber auch beim Besucher verändert sich etwas. Denn das Experimentieren regt die eigenen Gedanken an. Man kann gar nicht anders, als sich Fragen zu stellen: Ist das wirklich so? Wie kann das sein? Wie kann ich mir das erklären? Daraus bilden sich Vorstellungen, und schließlich bekommt man Einsichten. Es macht «klick», weil man plötzlich erkennt, wie alles zusammenhängt. Diese Aha-Momente mit einer plötzlichen Erkenntnis sind charakteristisch für die Mathematik, sie sind die Augenblicke, in denen man ausgesprochen positiv erlebt, dass man etwas verstanden hat!

Welche Eigenschaften muss nun ein Experiment haben, das unsere Gedanken stimulieren kann? Die Idee, die wir im Mathematikum verfolgen, besteht aus zwei Aspekten.

Zum einen gewähren die Experimente einen außerordentlich niedrigschwelligen Zugang. In der Regel bestehen die Experimente aus physischen Objekten, mit denen man ohne Schwierigkeiten hantieren kann. Nur in Ausnahmefällen sind die Experimente elektronisch gestützt: Die Besucher erfahren echte Phänomene und nicht durch Computer vermittelte Effekte. Der erste Eindruck suggeriert einem, dass das Experiment einfach durchzuführen ist, dass keine Vorkenntnisse vorausgesetzt werden, kurz: dass es ein Experiment für jeden ist.

Zum anderen ist es allerdings so, dass die Experimente keineswegs so einfach sind, wie sie zunächst scheinen. Denn beim Ausprobieren stellt sich bald eine unerwartete Schwierigkeit, eine Überraschung oder eine Verblüffung ein. Und genau diese Stolperstelle bringt unser Denken in Bewegung.

Man fängt dann unwillkürlich an, sich mit anderen Besuchern zu unterhalten und gemeinsam nach einer Lösung zu suchen. Wenn man diese gefunden hat, ist man glücklich und stolz. Zu Recht, denn man hat ein Erfolgserlebnis, das einem niemand wegdiskutieren kann. Denn der Erfolg steht sichtbar vor einem: Ich habe die Pyramide zusammengesetzt, wir haben den Bogen gebaut, ich habe den Code geknackt.

Diese Art der Beschäftigung mit der Mathematik

- macht deutlich, dass Mathematik mit Denken zu tun hat und dass man durch eigenes Nachdenken zu Ergebnissen kommt,
- ermöglicht eine Haltungsänderung gegenüber der Mathematik und Naturwissenschaften im Allgemeinen,
- macht die Menschen nicht klein, sondern stärkt ihr Selbstbewusstsein.

Das Mathematikum in Gießen, das erste mathematische Mitmachmuseum der Welt

Der Zugang zur Mathematik über Experimente funktioniert für alle Menschen. Und tatsächlich ist das Mathematikum Gießen ein Magnet für alle möglichen Besucher, für Besucher jeden Alters und jeden Bildungshintergrunds (und übrigens auch jeden Geschlechts).

Sie sehen eine große Themenvielfalt, in der Tat werden viel mehr Themen aufgegriffen, als der Schulunterricht (der ja andere Ziel hat) dies vermag. Denn kein Bereich der Mathematik ist ausgeschlossen. Natürlich gibt es Experimente zu Geometrie, aber auch Algebra, insbesondere die Zahlen, und Analysis, insbesondere die Funktionen, sind vertreten. Überraschend viele Experimente findet man im Bereich Stochastik, also der Lehre vom Zufall. Und viele Experimente und Objekte zur Kombinatorik, zur Topologie und auch zur Geschichte der Mathematik sind zu finden.

11

Es gibt natürlich viele Experimente, die eng an den Schulunterricht anschließen, etwa der Satz des Pythagoras, die Berechnung der Kreiszahl Pi, das Galtonbrett, aber auch zahlreiche attraktive Experimente, deren formalmathematische Behandlung im Schulunterricht nicht möglich ist. Beispiele dafür sind die Seifenhäute (Minimalflächen), die Brachystochrone, die Deutschlandtour (das Travelling Salesman Problem). Insofern bietet das Mathematikum einem Blick in die Mathematik, der repräsentativer ist als die Sicht des Schulunterrichts.

Das gesamte Mathematikum und die einzelnen Exponate sind so gestaltet, dass die Besucher die größtmögliche Autonomie haben. Sie dürfen beginnen, wo sie wollen, sie müssen keinem roten Faden folgen und können wählen, mit welchen Experimenten sie sich intensiv beschäftigen und welche sie nur oberflächlich betrachten. Es gibt kein heimliches Curriculum. Und trotz dieser Freiheit – vielleicht gerade deswegen – bleiben die Besucher an den Experimenten hängen, bilden sich selbst ein Bild und erklären sich selbst die Phänomene.

Das Lernmodell des Mathematikums basiert auf einem radikal konstruktiven Ansatz. Tatsächlich ist jeder Besucher ein Forscher, der bei jedem Experiment ein Problem lösen kann. Dabei werden die Lösungen nicht verraten, sondern die Besucher haben – alleine oder in einer kleinen Gruppe – selbst Erfolgserlebnisse.

Das Mathematikum ermöglicht einen ersten Schritt in die Mathematik. Und das bedeutet zweierlei. Es ist tatsächlich ein Schritt in die Mathematik, denn man löst das Problem durch eigenes Nachdenken. Es ist aber auch nur ein erster Schritt in die Mathematik, denn man kann zum Beispiel in der Ausstellung praktisch keine vertiefte und schon gar keine formale Behandlung der Phänomene vornehmen.

Was ist dieses Buch?

Dieses Buch ist keine Voraussetzung dafür, die Experimente im Mathematikum durchzuführen. Im Gegenteil: Das Mathematikum ist – wie andere Science Center auch – ein Haus, in dem man auch ohne Vorbildung und ohne Vorbereitung viel verstehen kann und ein Besuch auch ohne Führung erkenntnisreich ist.

Aber jedes gute mathematische Experiment ist auch anschlussfähig an weitergehende Überlegungen und Erkundungen, seien sie mathematisch, seien sie historisch, ... Dazu soll dieses Buch beitragen. Es zeigt die große Vielfalt mathematischer Experimente, es beschreibt das Potenzial dieser Experimente, stellt historische Bezüge her und beleuchtet den mathematischen Hintergrund. Dadurch wird ein zweiter Schritt in die Mathematik möglich. In 100 Abschnitten wird ein Großteil der Experimente des Mathematikums vorgestellt.

Natürlich habe ich beim Schreiben dieses Buches zuerst an die Besucher des Mathematikums gedacht, die es vielleicht nach ihrem Besuch zur Hand nehmen. Wenn sie in diesem Buch blättern, erinnern sie sich an das eine oder andere Exponat, manches klingt in ihnen nach, über viele Exponate können sie Neues erfahren – und sie werden zahlreiche Experimente entdecken, die Ihnen bei Ihrem Besuch gar nicht aufgefallen sind.

Ich kann mir auch vorstellen, dass vor allem Lehrerinnen und Lehrer das Buch zur Vorbereitung eines Besuchs benutzen. Sie können sich informieren, welche Experimente zu sehen sind und auf welche Besonderheiten und Finessen zu achten ist, damit sie ihren Schülerinnen und Schülern die entsprechenden Impulse geben können. Das Ziel eines Besuchs sollte es dennoch sein, die Schülerinnen und Schüler möglichst vieles selbst entdecken zu lassen und ihnen nicht zu viel vorher zu «verraten».

Man muss dieses Buch übrigens nicht von vorne bis hinten systematisch durcharbeiten. Blättern Sie einfach mal. Vielleicht fällt Ihr Blick auf ein Foto und Sie wollen wissen, was das ist. Oder eine Überschrift weckt Ihr Interesse. Oder eine Beschreibung führt Sie in ein Ihnen noch unbekanntes Gebiet der Mathematik. Sie können mit jedem der 100 Abschnitte direkt anfangen – und Sie werden in jedem Abschnitt etwas Neues erfahren!

Ich wünsche Ihnen und mir, dass sich die Begeisterung, die die Besucher des Mathematikums erfahren, auch bei der Lektüre der Experimente in diesem Buch einstellt.

Ich habe an diesem Buch seit Gründung des Mathematikums, also seit vielen Jahren, gearbeitet und bin außerordentlich glücklich, dass es nun zu einem guten Ende gekommen ist.

Viele Menschen haben in unterschiedlicher Weise daran mitgewirkt: Sie haben Texte gelesen und korrigiert, sie haben mich bei der Auswahl und der Wahl des Niveaus beraten, und sie haben nicht zuletzt immer wieder gemahnt, das Buch doch endlich zu Ende zu bringen. Ich bin vor allem folgenden Mitarbeiterinnen und Mitarbeitern der letzten Jahre zu großem Dank verpflichtet: Christoph Beutelspacher, Mirjam Elett, Anne Hukelmann, Carola Kahlen, Elisabeth Maaß, Lisa Peter, Laila Samuel, Sabrina Schneider, Brigitte Strakeljahn, Jonas Wagner, Rosina Weber, Hanni Weller.

Herr Dr. Marc-A. Zschiegner gehörte schon zu denen, die vor über zehn Jahren den ersten Katalog verfassten. Er hat jetzt insbesondere die instruktiven Zeichnungen gestaltet. Dieses Buch lebt auch von den vielen Fotos, die fast ausschließlich von unserem Fotografen Rolf K. Wegst stammen. Er hat nicht nur Tausende von Fotos geschossen, sondern konnte auch die ausgefallensten Wünsche professionell erfüllen.

Kapitel 1
Zahlen und Zählen

Zählen können gehört zu den frühesten kulturellen Errungenschaften der Menschheit. Vermutlich hat sich das Zählen durch die – zunächst unbewusste – Aufnahme der «Rhythmen des Lebens» entwickelt: Man hat den Auf- und Untergang der Sonne beobachtet, war fasziniert vom Wachsen und Schrumpfen des Mondes, hat beim Gehen irgendwelche Geräusche «im Takt» gemacht und so weiter. Wann diese Rhythmen im engeren Sinne sprachlich erfasst wurden und wann die Menschheit über ein 1, 2, 1, 2, … hinauskam und 1, 2, 3, … sagen lernte, wird man wohl nie wissen.

Aber schon früh war die Erfassung der Zeit bis hin zur Herstellung von Kalendern eine herausfordernde Aufgabe, und dazu waren Zahlen unabdingbar.

1
Die ältesten Zahlen

Geschriebene Zahlen gehören zu den ältesten überlieferten Kulturobjekten. Die frühesten Zeugnisse sind 20 000 bis 30 000 Jahre alt.

Berühmt ist der Ishango-Knochen, der 1950 in der Nähe von Ishango in der heutigen Demokratischen Republik Kongo gefunden wurde. Dieser Knochen, dessen Alter auf 20 000 Jahre geschätzt wird, zeigt an verschiedenen Stellen Zahlen. Sie sind durch die entsprechende Anzahl von Kerben dargestellt, stehen aber nicht alleine, sondern haben eine Beziehung untereinander. So stoßen wir zum Beispiel auf die Zahlenpaare 3 – 6, 4 – 8 und 10 – 5. Hier wird also die Verdoppelung und Halbierung von Zahlen thematisiert. Noch interessanter ist die Zahlenfolge 11 – 13 – 17 – 19. Wer denkt dabei nicht an die Primzahlen zwischen 10 und 20?

Der Wolfsknochen

Noch älter als der Ishango-Knochen ist der Wolfsknochen, der im Mathematikum zu sehen ist. Er gehört definitiv zu den frühesten Zahldarstellungen der Welt. Es handelt sich um einen etwa 18 cm langen Speichenknochen eines jungen Wolfes. Er stammt aus Dolní Věstonice, einer gut dokumentierten Mammutjägersiedlung in Tschechien. Dieser Knochen wurde 1936 von dem Ausgräber Karel Absolon (1877–1960) gefunden, der ausführlich über den Fund berichtet hat.

Das Alter des Knochens wird auf 25 000 bis 30 000 Jahre geschätzt; diese Datierung beruht auf den C14-Analysen von Holzkohleproben aus dem Fundgebiet. Durch einen Brand gegen Ende des Zweiten Weltkriegs ist

der Originalknochen stark zerstört worden. Das Exponat im Mathematikum ist ein Replikat, welches schon zuvor angefertigt worden war.

Auf dem Wolfsknochen sind deutlich viele Einkerbungen zu erkennen. Diese sind in zwei Gruppen aufgeteilt, die durch eine doppelte Einkerbung, die den ganzen Knochen umläuft, getrennt sind. Auf der einen Seite zählt man 30 Einkerbungen, auf der anderen 25. Man meint sogar, auf den beiden Seiten Fünferbündelungen erkennen zu können. Die Wissenschaftler sind sich einig, dass diese Einkerbungen Zahlen darstellen.

Wozu diese Einkerbungen gedient haben, wissen wir allerdings nicht. Absolon vermutete, dass es sich um die Stückzahl von Jagdbeute handelt, aber das ist reine Spekulation. Eines ist sicher: Vor 30 000 Jahren hielt jemand eine Zahl für so wichtig, dass er sich der Mühe unterzogen hat, die entsprechende Anzahl von Kerben in einen Knochen einzuritzen.

2
Römische Zahlen

Noch heute sind uns die römischen Zahlzeichen geläufig: Die Zeichen I, V, X, L, C, D und M stehen für 1, 5, 10, 50, 100, 500 und 1000. Andere Zahlen erhält man, indem man die römischen Zahlensymbole in der entsprechenden Anzahl zusammenstellt: III ist 3, VII ist 7, XXVI ist 26. Zunächst schrieben die Römer auch IIII für die Zahl 4; dies wurde später aber durch IV ersetzt. Die Regel ist: Wenn ein kleineres Zahlzeichen vor einem größeren steht, wird dies abgezogen: IX ist 9 und XLII ist 42.

Römische Zahlen wurden und werden vor allem benutzt, um Nummern und Jahreszahlen aufzuschreiben beziehungsweise in Stein zu meißeln.

Römischer Hohlziegel

Der römische Hohlziegel auf der nächsten Seite, zeigt eine Zahl. Es ist die Zahl XXII, also 22, die darauf zu sehen ist.

Hohlziegel wurden damals für den Bau von Fußbodenheizungen (Hypokaustanlagen) verwendet. Man brachte die Hohlziegel an Innenwänden an, wo sie die warme Luft vom Boden in die Wände leiteten. Badeanlagen wurden häufig so beheizt; in Wohnhäusern ist diese Technik seltener zu finden.

Dieser Ziegel stammt aus dem 2. oder 3. Jahrhundert n. Chr. und wurde im Römerkastell Saalburg im Taunus gefunden. Er trägt einen Stempel, welcher nicht nur verrät, von wem er hergestellt wurde, sondern der zudem eine römische Zahl zeigt. Die Inschrift beginnt nämlich mit LEG XXII, was für «legio XXII», also die 22. Legion, steht. Diese Legion war in Mainz stationiert und unter anderem für die dortige Ziegelproduktion zuständig.

Es folgt der Legionsname, welcher «primigenia» (die Erstgeborene) lautet und mit P abgekürzt wurde. Die beiden letzten Buchstaben P und F stehen für besondere Auszeichnungen dieser Legion, sie galt nämlich als besonders pflichtbewusst («pia») und treu («fidelis»).

Römische Münzen

Schon als Münzen längst übliche Zahlungsmittel waren, wurde deren Wert nicht unbedingt durch eine Zahl angegeben, vielmehr erkannte man diesen an der Größe oder der Art der Gestaltung. Stets aber zeigten sie das Bild einer Göttin oder des Herrschers und gewannen dadurch Authentizität.

Aber spätestens als auch im Alltag viel mit verschiedenen Münzen bezahlt und gerechnet werden musste, erwies es sich als sinnvoll, den Wert einer Münze auf ihr selbst als Zahl zu vermerken.

Bei den Römern wurde ab dem Jahr 211 v. Chr. der Denar in das Währungssystem eingeführt. Das X, welches auf der Münze oben links neben dem Kopf der Göttin Roma zu sehen ist, zeigt an, dass diese 10 Asse wert war. Der As war die Grundeinheit der römischen Währung.

Auch die Münze oben rechts trägt ein Wertzeichen. Es ist ein sogenannter Quinar. Auf ihm ist die römische Zahl V (fünf Asse) zu sehen.

Spätestens im 1. Jahrhundert vor Christus war der Denar 16 Asse wert. Zunächst zeigte man dies mit dem Zeichen XVI an. Später wurde es verkürzt, in Form eines Sterns, wiedergegeben (Münze unten links).

Nach wie vor hatten aber nicht alle Münzen ein Wertzeichen. Viele zeigten nur ein Münzbild, so etwa der Denar (auf der Abbildung unten rechts) mit dem Kopf der Göttin Iuno Moneta. Moneta war die Schutzgöttin der römischen Münzstätte. Das lateinische Wort «moneta» bedeutet Münze oder Geld und ist ihrem Namen entlehnt.

3
Ein Brotstein

Das Original dieses Steins stammt aus dem Mittelalter. Er ist an einer Kirche angebracht und dort Teil eines Ensembles von Normmaßen (Längenmaßen und Flächenmaßen). Wer beim Handel auf dem nahen Markt Zweifel hatte, ob seine Ware richtig gemessen wurde, konnte sich an der Kirche vergewissern, ob alles mit rechten Dingen zuging.

Der Stein zeigt eine Jahreszahl. Die Inschrift beginnt mit A D («Anno Domini» = n. Chr.). Dahinter kommt die Jahreszahl MCCCXX, also 1320. Es ist nicht einfach, die Zahlzeichen zu lesen, denn der Steinmetz hat versucht, jedes Zeichen zu einem kleinen quadratischen Bild zu machen. Die kleinen Kringel dienen dabei nur zur Trennung der Zeichen.

Der Kreis rechts ist die damalige «Normgröße» für ein Brot. Die Inschrift ist ein «Brotmaß» und sagt also insgesamt: In diesem Jahr muss jeder verkaufte Brotlaib genau dieses Maß haben.

Der Originalstein ist am Freiburger Münster zu sehen. Die dortige Münsterbauhütte hat dieses Replikat eigens für das Mathematikum gefertigt.

4
Pythagoras und die Musik

Monochord

Das «Monochord» ist das älteste mathematische Experiment, vielleicht das älteste Experiment überhaupt.

Das schon in der Antike bekannte Musikinstrument besteht aus einer einzigen Saite (deshalb «Mono-chord»). Durch einen Schieber kann man die Saite aber in zwei Teile aufteilen. Die Teile können gleich lang sein, gewöhnlich sind sie es jedoch nicht. Nun kann man erst den linken und dann den rechten Teil der Saite anzupfen und wird zwei verschiedene Töne hören: Der längere ergibt einen tieferen, der kürzere einen höheren Ton.

Die Pythagoreer haben im 6. Jahrhundert v. Chr. eine Entdeckung gemacht, die die Mathematik und die (abendländische) Musik bis heute beeinflusst. Sie wollten es nämlich genau wissen und maßen das linke und rechte Stück der Saite nach. Dabei stellten sie fest, dass die Längenverhältnisse mit den Tonintervallen in engster Verbindung stehen. Bei einem Längenverhältnis von 2:1 (zum Beispiel 80 cm zu 40 cm) erklingt eine Oktave, der reinste Klang. Bei einem Längenverhältnis von 3:2 hört man eine Quinte, ebenfalls ein sehr reiner Klang.

Generell stellten die Pythagoreer eine Eins-zu-eins-Beziehung zwischen der Welt der Zahlen und dem Reich der Töne fest. Genauer gesagt machten sie folgende Beobachtung: Je einfacher das Zahlenverhältnis ist (wie etwa 2:1, 3:2), desto reiner ist der Klang. Und je komplizierter das Zahlenverhältnis ist (13:7 oder Ähnliches), desto «unschöner», schriller, spannender, aufregender ... ist der Klang. Dieser Zusammenhang zwischen den Klängen und den Verhältnissen von Zahlen muss die Pythagoreer derart beeindruckt haben, dass sie unweigerlich zu der Erkenntnis kamen: «Alles ist Zahl!»

Die folgende Tabelle gibt einige musikalisch interessante Verhältnisse wieder.

Zahlen-verhältnis	2:1	3:2	4:3	5:4	5:3	9:8	16:15	15:8
Ton-intervall	Oktave	Quinte	Quarte	große Terz	große Sext	Sekunde (Ganz-ton)	Halb-ton	große Sep-time
Ton-beispiel	c–c'	c–g	c–f	c–e	c–a	c–d	c–cis	c–h

Röhren zum Hören

Die Pythagoreer haben diese Verhältnisse nicht nur an Saiteninstrumenten, sondern an Instrumenten aller Art erforscht. Besonders überzeugend kann man die Längenverhältnisse auch bei Blasinstrumenten (Flöten, Trompeten, Posaunen, Orgelpfeifen) verifizieren. Im Mathematikum gibt es dafür das Experiment «Röhren zum Hören».

Jede der Röhren hat vorne ein Loch, an das man sein Ohr halten kann. Pro Röhre hört man einen Ton, und zwar immer den gleichen. Die Röhre filtert aus dem Umgebungslärm den Ton heraus, der zu ihrer Länge passt.

Und auch hier ist es so: Ist das Verhältnis der Längen von zwei Röhren 2 : 1, dann bilden die beiden Töne eine Oktave; ist es 3 : 2, dann kann man eine Quinte hören und so weiter.

Pythagoras in der Schmiede

Eine aus der Antike überlieferte Legende erzählt, dass Pythagoras eines Tages an einer Schmiede vorbeigegangen sei. Dabei habe er, wie schon oft zuvor, gehört, wie der Schmied mit seinen Hämmern auf das Eisen schlug. Diesmal aber sei ihm der besondere Wohlklang der Töne der einzelnen Schläge aufgefallen. Als er überprüfte, wie das zustande kam, soll er bemerkt haben, dass das Gewicht der Hämmer in einem bestimmten Zahlenverhältnis stand. Die Verhältnisse entsprachen – der Legende nach – genau den Verhältnissen, die später am Monochord entdeckt wurden.

Diese Legende ist kaum zu glauben. Denn jeder, der schon einmal Klänge erzeugt hat, indem er Metall auf Metall geschlagen hat, weiß, wie komplex die Tonerzeugung ist. Sicher hängt sie nicht in so direkter Weise vom Gewicht der Hämmer ab. Es ist aber durchaus vorstellbar, dass Pythagoras ein solches Klangerlebnis hatte und es zum Anlass nahm, den Klängen und den entsprechenden Zahlenverhältnissen genauer nachzugehen.

Weiterwirkung

Die Erkenntnis der Pythagoreer hat langfristig nicht nur die Musiktheorie, sondern das abendländische Bildungssystem insgesamt beeinflusst. Denn während des gesamten Mittelalters umfasste das Grundstudium das sprachenorientierte «Trivium» sowie das mathematisch ausgerichtete «Quadrivium». Letzteres bestand aus den vier Fächern Arithmetik, Geometrie, Musik und Astronomie. Wenn man bedenkt, dass die Musik im Quadrivium weitgehend pythagoreische Zahlenlehre war, so beinhaltete das Quadrivium fast nur Mathematik.

Die folgende Abbildung aus dem Lehrbuch «Theorica Musice» (1492) von Franchino Gaffurio (1451–1522) zeigt, wie präsent die pythagoreische Intervallarithmetik noch am Ende des Mittelalters war.

5
Der Zahlenschrank

«Alles ist Zahl!» war der Wahlspruch der Pythagoreer. Sie meinten damit, dass sich alles in der Welt entweder durch eine natürliche Zahl (1, 2, 3, ...) oder durch ein Verhältnis von natürlichen Zahlen darstellen lässt. Wir sind heute – manchmal sehr oberflächlich – davon überzeugt, dass man alles mit Zahlen ausdrücken kann: die Wichtigkeit eines Menschen durch sein Gehalt, seine körperliche Fitness durch den Body-Mass-Index und seine intellektuelle Potenz durch den IQ.

Der «Zahlenschrank» zeigt uns in vergnüglicher Weise, was wir alles mit Zahlen beschreiben.

Man steht vor einem Schrank mit vielen Schubladen. Auf jeder steht eine Zahl, und jede hat einen einladenden Griff. Da man im Mathematikum alles anfassen darf und soll, zieht man an einem Griff. Die Schublade geht auf und zum Vorschein kommt ein Objekt, das mit der Zahl an der Vorderseite der Schublade zu tun hat.

Manchmal ist der Inhalt der Schublade lustig (das Martinshorn bei 112), manchmal – zumindest im Nachhinein! – klar (die 10 Gebote), manchmal überraschend (Was verbirgt sich hinter 440?) und manchmal auch rätselhaft (Was bedeutet der Kronkorken in der Schublade mit der Nummer 21?).

In jedem Fall ist der Zahlenschrank ein fröhliches Exponat, das zu eigenen Entdeckungen und zu Gesprächen über das Vorkommen von Zahlen in unserer Welt einlädt. Vielleicht lassen Sie sich dadurch anregen, einen eigenen, Ihren persönlichen Zahlenschrank zu entwerfen – und sei es nur auf dem Papier oder als Modell.

Kapitel 2
Zahlen
und Unendlichkeit

In der Mathematik gibt es nichts Konkreteres als die Zahlen. Wir «wissen» genau, was zum Beispiel 5 bedeutet. Und in der Tat bilden die Zahlen die Grundlage für die gesamte Mathematik. Ohne sie wären Zählen und Rechnen unmöglich. Funktionen beschreiben im Grunde nichts anderes als Zusammenhänge von Zahlen, auch die Wahrscheinlichkeiten sind Zahlen und selbst die Geometrie kann mit Zahlen betrieben werden.

Manchmal führt eine Zahl weit über sich selbst hinaus. Sie ist dann nicht nur sie selbst, etwas Endliches und Beherrschbares, sondern ermöglicht uns einen Blick in die Unendlichkeit. Das kann schon in der Zahl selbst begründet sein, wie etwa der Zahl π, es kann aber auch daher kommen, dass die Zahl Teil einer unendlichen Folge von Zahlen ist, wie etwa bei den Primzahlen.

6
Wer ragt am weitesten heraus?

Fünf quadratische Platten sollen auf einem Podest waagerecht so aufeinandergeschichtet werden, dass eine Platte möglichst weit übersteht, ja sie soll sogar vollkommen über dem Abgrund schweben! Was auf den ersten Blick wie ein Puzzle anmutet, zeigt uns in Wirklichkeit eine faszinierende Zahlenfolge.

Das Schöne an diesem Experiment ist, dass es viele verschiedene Lösungen gibt. Erstaunlicherweise ist die mathematisch «schönste» Lösung nicht die beste!

Die «mathematische» Lösung funktioniert wie folgt: Zu Beginn stapeln wir die Steine fein säuberlich übereinander zu einem Block und setzen diesen direkt an die Kante des Podests.

Nun arbeiten wir von oben nach unten. Als Erstes schieben wir den obersten Stein so weit heraus, dass er gerade noch hält. Dann verschieben wir den zweitobersten Stein (mit dem obersten obendrauf) ebenfalls so weit, bis er gerade noch nicht kippt. Dann den drittobersten und so weiter.

Wenn man das Experiment auf diese Weise durchführt, schafft man es, dass die oberste Scheibe tatsächlich in Gänze übersteht. Dass dies so ist, kann man auch ausrechnen. Den ersten Stein kann man um genau die Hälfte seiner Länge herausschieben. Den zweitobersten um ein Viertel. Jetzt steht der oberste Stein 3/4 über und der zweitoberste 1/4, dafür ist dieser noch mit 3/4 seiner Länge über dem Podest, der oberste hingegen mit 1/4. Also ist der Stapel in Balance.

Den dritten Stein kann man nur noch um 1/6 seiner Länge herausschieben, den viertobersten um 1/8 und so weiter. Hat man vier Steine herausgeschoben, ist der oberste also $1/2 + 1/4 + 1/6 + 1/8 = 25/24$ seiner Länge seitlich verschoben. Er steht also genau 1/24, das heißt etwa 4 Prozent, über.

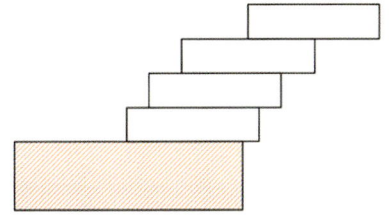

Die Zahlen, die zur Beschreibung dieser Lösung dienen, haben mit einer berühmten Zahlenfolge zu tun. Wenn man die Summe $1/2 + 1/4 + 1/6 + 1/8 + ...$ mit 2 multipliziert, erhält man die Reihe $1 + 1/2 + 1/3 + 1/4 + ...$ Diese Reihe heißt «harmonische Reihe»; sie wurde von Gottfried Wilhelm Leibniz untersucht (siehe unten). In der Tat wird unser Experiment in der mathematischen Literatur meistens im Zusammenhang mit der harmonischen Reihe diskutiert; die erste Erwähnung geht zurück auf J. G. Coffin, der das Problem 1923 veröffentlichte.

Die Idee ist aber schon viel älter. Bevor die Römer den Rundbogen erfunden haben, bauten sie «Kragbrücken». Dabei wurden die Steine von beiden Seiten aus so aufeinandergesetzt, dass sie immer weiter treppenartig zur Mitte hin vorspringen («kragen»).

Neben der «klassischen» mathematischen Lösung des Problems gibt es auch ganz andere Lösungsversuche. Meistens sind sie so geartet, dass nicht die oberste Scheibe diejenige ist, die am weitesten nach außen ragt. (Siehe

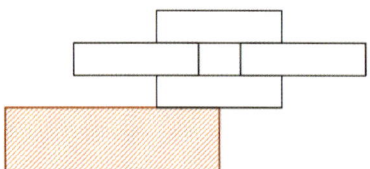

zum Beispiel: M. Paterson, Y. Peres, M. Thorup, P. Winkler, U. Zwick: Maximum Overhang. Amer. Math. Monthly 116 (2009), 763–787.) Dort wird auch das folgende Beispiel diskutiert, bei dem einer von vier Steinen fast 17 Prozent (genauer $(7-4\sqrt{2})/8$) übersteht.

Eine geniale Methode besteht darin, die Steine nicht in «Normallage» zu benutzen, sondern den einen oder anderen Stein um 45 Grad zu drehen. Probieren Sie selbst aus, wie weit Sie mit vier Steinen nach außen kommen können!

Anstelle von Quadraten kann man auch Dreiecke verwenden. Überraschenderweise ist die Aufgabe mit Dreiecken einfacher zu lösen. So benötigt man beispielsweise nur zwei Dreiecke, damit das oberste so weit außen ist, dass es die Kante lediglich berührt. Und schon mit drei Dreiecken kommt man weit über die Grenze hinaus. Das liegt daran, dass bei einem Dreieck der Schwerpunkt nicht auf halber Höhe liegt, sondern viel tiefer. Bei einem gleichseitigen Dreieck liegt er bei einem Drittel der Höhe!

Zum Weiterdenken

Eine der vielen mathematischen Leistungen von Gottfried Wilhelm Leibniz (1646–1716) war die Untersuchung der harmonischen Reihe. Dies ist die Reihe $1 + 1/2 + 1/3 + 1/4 + \dots$ Die Frage war, ob die Reihe «konvergiert», also sich immer weiter einer bestimmten Zahl annähert und sich dort stabilisiert, oder ob sie «divergiert», das heißt größer als jede vorgegebene Zahl wird. Leibniz hat zwei Aussagen bewiesen:

1. Die harmonische Reihe divergiert! Dies kann man sich leicht klarmachen: Nach der 1 haben wir 1/2. Die beiden nächsten Glieder, 1/3 und 1/4, ergeben zusammen 7/12, also mehr als $1/4 + 1/4 = 1/2$. Die nächsten vier Glieder ergeben zusammen wieder mehr als 1/2, die darauffolgenden acht Glieder auch und so weiter. Also wird die Reihe größer als $1 + 1/2 + 1/2 + 1/2 + ...$, also größer als jede Zahl.

   In Formeln sieht das so aus:

   $$1 + \frac{1}{2} + \frac{1}{3} + \frac{1}{4} + \frac{1}{5} + \frac{1}{6} + \frac{1}{7} + \frac{1}{8} + \frac{1}{9} + ...$$

   $$= 1 + \frac{1}{2} + \left(\frac{1}{3} + \frac{1}{4}\right) + \left(\frac{1}{5} + \frac{1}{6} + \frac{1}{7} + \frac{1}{8}\right) + \left(\frac{1}{9} + ...\right) + ...$$

   $$\geq 1 + \frac{1}{2} + \left(\frac{1}{4} + \frac{1}{4}\right) + \left(\frac{1}{8} + \frac{1}{8} + \frac{1}{8} + \frac{1}{8}\right) + \left(\frac{1}{16} + ...\right) + ...$$

   $$= 1 + \frac{1}{2} + 2 \cdot \frac{1}{4} + 4 \cdot \frac{1}{8} + 8 \cdot \frac{1}{16} + ...$$

   $$= 1 + \frac{1}{2} + \frac{1}{2} + \frac{1}{2} + \frac{1}{2} + ...$$

2. Wenn man die Glieder der harmonischen Reihe abwechselnd mit + und – versieht, also abwechselnd addiert und subtrahiert, dann konvergiert diese neue, sogenannte alternierende harmonische Reihe. Ihr Grenzwert ist ln(2) (= 0,693...).

Übrigens: Schon über 300 Jahre vor Leibniz hat der französische Bischof Nikolaus von Oresme (ca. 1330–1382), einer der großen Gelehrten seiner Zeit, die Divergenz der harmonischen Reihe gezeigt!

7
Primzahlen

Jeder weiß, was eine Primzahl ist, aber niemand kennt all ihre Geheimnisse. Jeder kann einfache Fragen stellen (Gibt es eine Formel für Primzahlen?), die kein Mensch beantworten kann. Diese Spannung zwischen naiven Fragen und Problemen, die die größten Mathematiker zum Verzweifeln bringen, macht die Faszination der Primzahlen aus.

Eine Primzahl ist eine ganze Zahl, die größer als 1 ist und nur durch 1 und sich selbst ohne Rest teilbar ist. Die ersten Primzahlen sind 2, 3, 5, 7, 11, 13, 17, 19. Die Zahl 6 ist keine Primzahl, weil sie außer durch 1 und sich selbst auch noch durch 2 und 3 teilbar ist. Die Primzahlen sind unteilbar und damit so etwas wie die Atome im Reich der Zahlen.

Primzahlen sind die wichtigsten Zahlen der Mathematik. Sie sind die Bausteine der natürlichen Zahlen. Man kann jede natürliche Zahl, die größer als 1 ist, als Produkt von Primzahlen schreiben. Zum Beispiel ist 15 gleich 3 mal 5. Es ist möglich, dass eine Primzahl zwei- oder mehrfach vorkommt; so ist zum Beispiel $12 = 2 \cdot 2 \cdot 3$.

Das ist so ähnlich wie in der Chemie. Jedes Molekül ist aus Atomen zusammengesetzt, deren Anzahl genau feststeht. Wasser hat die Formel H_2O, und das bedeutet, dass ein Wassermolekül aus genau zwei Wasserstoffatomen (H) und einem Sauerstoffatom (O) besteht.

In der Mathematik schreibt man die Anzahlen als Hochzahlen: $12 = 2^2 \cdot 3$, $18 = 2 \cdot 3^2$, $168 = 2^3 \cdot 3 \cdot 7$.

Primzahlmusik

Diese Musik ist merkwürdig. Man hört immer den gleichen Ton, aber in einem sehr unregelmäßigen Rhythmus. Man denkt an etwas Zufälliges wie den radioaktiven Zerfall. Es handelt sich aber nicht um ein physikalisches, sondern um ein ausgesprochen mathematisches Experiment. Und es hat auch nichts mit Zufall zu tun. Was man hört, sind Primzahlen. In dem Experiment «Primzahlmusik» kann man Primzahlen bis zu einer Million sehen und hören. Man gibt irgendeine Zahl zwischen 1 und 999 999 ein. Dann geht der Computer 500 Zahlen durch, wobei er bei der gewählten Zahl startet. Wann immer die Zahl, auf die der Computer trifft, eine Primzahl ist, wird in dem Feld ein rotes Quadrat angezeigt und gleichzeitig ein Ton gespielt.

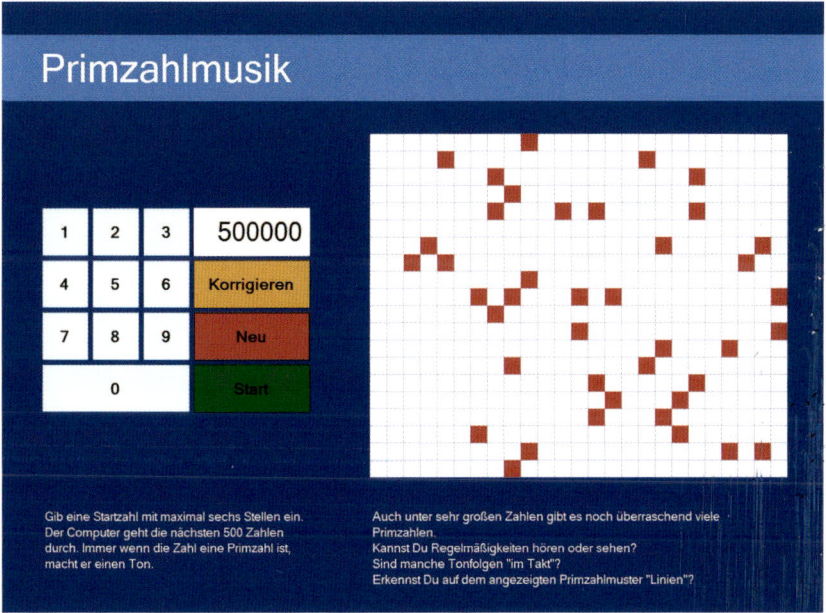

Primzahlen gibt es ohne Ende! Schon Euklid hat in seinem Buch «Elemente» ca. 300 v. Chr. bewiesen, dass es unendlich viele Primzahlen gibt, dass also die Folge der Primzahlen nie aufhört. Im 19. Jahrhundert wurde dann eine noch viel tiefer gehende und sehr überraschende Tatsache bewiesen, nämlich dass es unglaublich viele Primzahlen gibt!

Zum Weiterdenken

Etwas genauer sagt der «Primzahlsatz» Folgendes: Betrachten wir eine große Zahl n. Wir fragen uns, wie groß die Chance ist, im Bereich der Zahlen um n auf eine Primzahl zu treffen. Genauer gefragt: Wie groß ist der prozentuale Anteil der Primzahlen unter den Zahlen der Größenordnung n? Der Primzahlsatz gibt darauf eine verblüffende Antwort: Man bestimmt zunächst die Anzahl k der Stellen von n und berechnet dann $100/k$. Diese Zahl gibt von der Größenordnung her den Prozentsatz der Primzahlen um n an.

Zum Beispiel betrachten wir die Zahl $n = 999\,999$. Diese hat $k = 6$ Stellen; also ist der prozentuale Anteil der Primzahlen um 1 Million etwa $100/6 = 16{,}7$ Prozent. (In Wirklichkeit ist die Dichte nur etwa halb so groß, aber den Korrekturfaktor von $1/2$ muss man bei dieser groben Beschreibung des Primzahlsatzes durchgängig berücksichtigen.) Das Erstaunliche ist, dass auch in so großen Bereichen das Vorkommen von Primzahlen noch im Prozentbereich liegt!

Wenn man in unserem Experiment die gesamte Anzahl der roten Kästchen beziehungsweise die Anzahl der Töne durch 5 teilt, erhält man den prozentualen Anteil der Primzahlen in diesem Bereich. Wenn zum Beispiel 41 der insgesamt 500 Kästchen zu sehen sind, dann sind in diesem Bereich etwas mehr als 8 Prozent aller Zahlen Primzahlen.

Dieses Exponat gibt eine Ahnung davon, dass die Anzahl der Primzahlen, das heißt ihre «Dichte», erstaunlich hoch ist.

Primzahlkette

Im Jahr 1742 formulierte der Mathematiker Christian Goldbach (1690–1764) in einem Brief an Leonhard Euler die Vermutung, dass jede gerade Zahl > 2 die Summe von zwei Primzahlen ist. Einige Beispiele legen das nahe: $4 = 2 + 2$, $6 = 3 + 3$, $8 = 5 + 3$, $10 = 7 + 3$, $12 = 7 + 5$ und so weiter.

Diese Vermutung scheint einfach zu verifizieren zu sein, denn man findet ohne jede Anstrengung jede Menge Beispiele. Aber erstaunlicherweise gehört die «Goldbachsche Vermutung» bis heute zu den ungelösten großen Problemen der Mathematik!

Wenn man die Goldbachsche Vermutung etwas umformuliert, kommt man zu dem Experiment «Primzahlkette».

Die Goldbachsche Vermutung sagt $2n = p + q$. Das bedeutet, dass jede gerade Zahl, das heißt jede Zahl der Form $2n$, die Summe von zwei Primzahlen p und q ist.

Daraus folgt $n = (p+q)/2$. Das kann man in Worten so ausdrücken: Jede natürliche Zahl n ist der Durchschnitt zweier Primzahlen. Oder: Jede natürliche Zahl n liegt genau in der Mitte von zwei Primzahlen. Oder, wenn wir auf den Zahlenstrahl blicken: Zu jeder natürlichen Zahl n gibt es zwei Primzahlen p und q, die gleich weit von n entfernt sind.

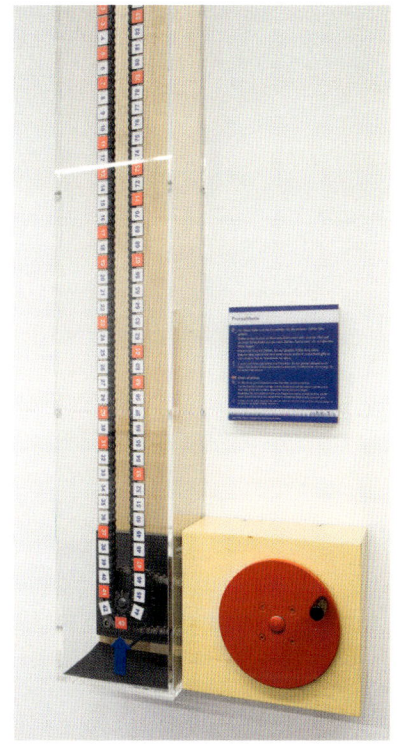

Dies illustriert unser Experiment: An einer rund laufenden Kette sind die einzelnen Glieder fortlaufend mit den Zahlen 1, 2, 3, ... beschriftet. Die Primzahlen sind auf rotem, die anderen Zahlen auf weißem Grund gedruckt. Wir betrachten die Zahl, die ganz unten steht und auf die der Pfeil zeigt; diese Zahl ist unser «n». Man sieht, dass sich rechts und links zwei «rote» Zahlen, also Primzahlen, auf gleicher Höhe befinden. Diese Primzahlen haben den gleichen Abstand zu der gewählten Zahl und entsprechen p und q. Das Bild zeigt, dass die Zahl 43 genau in der Mitte zwischen den Primzahlen 19 und 67 liegt.

8
Pi

Die Zahl π (gesprochen «pi») ist die berühmteste Zahl. Dabei kann man sie sich ganz einfach vorstellen: Wenn man den Umfang eines Kreises und seinen Durchmesser misst und dann die erste Zahl durch die zweite teilt, ergibt sich immer die gleiche Zahl, und die nennt man π (das ist der Anfangsbuchstabe des griechischen Wortes «Perimeter», das «Umfang» bedeutet). Egal, ob man einen Fingerring, einen Hula-Hoop-Reifen oder den Äquator betrachtet, immer ist das Verhältnis aus Umfang und Durchmesser die gleiche Zahl. Kurz: π = U/d. Die Zahl π ist ungefähr gleich 3,14.

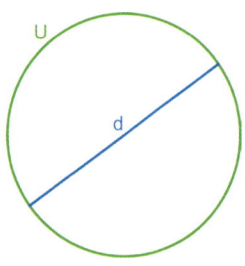

Man kann eine persönliche Annäherung an π erfahren. Dazu schreitet man zunächst den Umfang eines Kreises ab und zählt die Schritte, dann misst man den Durchmesser durch die Anzahl der Schritte und dividiert die erste Zahl durch die zweite. Im «Pi-Raum» des Mathematikums sind auf dem Fußboden Kreise und Durchmesser dieser Kreise aufgezeichnet. Man kann sich Kästchen für Kästchen vorantasten, man kann aber auch mit seiner eigenen Schrittlänge den Umfang und den Durchmesser abschreiten. Viele Besucher brauchen dann 12 Schritte für den Umfang des großen Kreises und 4 für den Durchmesser. Daraus folgt die Approximation π ≈ 12 : 4 = 3.

Mit diesem Wert hat bereits die Bibel gerechnet. Im ersten Buch der Könige im Alten Testament steht im 7. Kapitel als Vers 23: «Er machte das Meer, gegossen, von einem Rand zum andern zehn Ellen weit, rundumher, und fünf Ellen hoch, und eine Schnur dreißig Ellen lang war das Maß ringsum.»

Dieser Vers spricht von einem runden Wasserbecken («Meer»), dessen Durchmesser («von einem Rand zum andern») 10 Ellen und dessen Umfang («ringsum») 30 Ellen misst. Um das Verhältnis von Umfang zu Durchmesser zu bekommen, muss man also nur $30 : 10 = 3$ berechnen.

Man kann dieses Verfahren experimentell umsetzen: Wenn man eine Kreisscheibe über ein Maßband rollt, misst man ziemlich exakt den Umfang. Der Durchmesser ist einfach zu ermitteln, und so kann man π bestimmen.

Die Zahl π dient aber auch zur Bestimmung des Flächeninhalts eines Kreises. Eine Kreisscheibe ist in viele «Kuchenstücke» aufgeteilt. Diese kann man auch anders zusammenlegen. Es ergibt sich ein Parallelogramm (siehe Abbildung auf Seite 40).

Je feiner die Aufteilung der Kreisscheibe in Kuchenstücke ist, desto stärker ähnelt das Parallelogramm einem Rechteck. Seine kurze Seite ist der Radius und seine lange Seite der halbe Umfang des Kreises. Der Flächeninhalt des Kreises ist daher gleich dem Flächeninhalt dieses näherungsweisen Rechtecks. Wenn man den Radius mit r bezeichnet, dann ist der Umfang gleich $2\pi r$, der halbe Umfang also gleich πr. Damit ergibt sich als Flächeninhalt des Rechtecks $r \cdot \pi r = \pi \cdot r^2$.

Der Versuch, die Zahl π immer genauer zu bestimmen, das heißt, immer mehr Stellen von π zu berechnen, fasziniert die Mathematiker seit über 4000 Jahren. In Mesopotamien rechnete man 2000 v. Chr. mit $\pi = 3$ oder $\pi = 3 + 1/8 = 3{,}125$. Im ägyptischen Papyrus Rhind (ca. 1650 v. Chr.) finden wir $\pi = (16/9)^2 = 3{,}1604\ldots$ Oben haben wir gesehen, dass das Alte

Testament mit der – für die damalige Zeit schon sehr groben – Näherung $\pi = 3$ arbeitet.

Archimedes

Der Erste, der eine Ahnung davon gehabt haben könnte, dass man π nie exakt bestimmen können wird, war Archimedes von Syrakus (287–212 v. Chr.). Er sagte nicht, «π ist gleich einer bestimmten Zahl» – und hätte dann zugeben müssen, dass π doch nicht ganz genau gleich dieser Zahl ist. Vielmehr gab Archimedes «nur» Abschätzungen für π an: π ist mindestens *so* groß und höchstens *so* groß. Diese Abschätzungen konnte er aber hieb- und stichfest beweisen. Die Methode, die er für seinen Beweis nutzte, hat die Eigenschaft, dass man damit die Abschätzungen für π – im Prinzip – beliebig genau machen kann. Daher war er der Erste, der eine Methode fand, mit der sich π prinzipiell beliebig genau bestimmen lässt.

Wie ging Archimedes vor? Er betrachtete einen Kreis. Um
π zu bestimmen, muss man den Umfang des Kreises exakt
bestimmen oder, noch besser, berechnen. Da man das nicht
kann, löste er ein einfacheres Problem: Er zeichnete innerhalb des Kreises ein Sechseck. Dieses «einbeschriebene»
Sechseck hat einen kleineren Umfang als der Kreis – den er
aber berechnen konnte. So erhielt Archimedes eine untere
Abschätzung für π. Für eine obere Abschätzung zeichnete
er ein Sechseck um den Kreis herum. Indem er den Umfang dieses zweiten
«umbeschriebenen» Sechsecks berechnete, erhielt er eine obere Abschätzung.

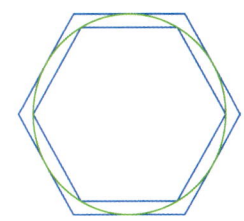

Diese Abschätzungen sind noch sehr grob. Aber Archimedes nahm das
Sechseck nur als Ausgangspunkt und ging dann weiter zum 12-Eck, 24-Eck
und so weiter bis zum 96-Eck, also zu einem Vieleck, das einem Kreis schon
sehr nahe kommt. Durch die Betrachtung eines einbeschriebenen und eines
umbeschriebenen 96-Ecks erhielt Archimedes die berühmten Abschätzungen

$$3 + 10/71 < \pi < 3 + 1/7,$$

oder, in Dezimalschreibweise: $3{,}1408 < \pi < 3{,}1429$.

Im Mathematikum kann man dies anhand eines Experiments gleichsam
nachfühlen: Mit einer Schnur kann man sowohl den Umfang eines Kreises
als auch die Umfänge ein- und umbeschriebener Sechsecke und Zwölfecke
nachmessen.

Zum Weiterdenken

Was die Mathematiker in der Antike vielleicht ahnten, aber nicht
einmal auszusprechen wagten, wurde erstmals von dem deutschen
Mathematiker Johann Heinrich Lambert (1728–1777) im Jahre 1761
bewiesen. Technisch ausgedrückt, hat Lambert gezeigt, dass π eine
«irrationale Zahl» ist. Das bedeutet, dass π keine Bruchzahl ist, dass
man π also nicht als Quotient von ganzen Zahlen darstellen kann:

π ist weder exakt gleich 22/7 noch gleich 355/113, obwohl das sehr gute Approximationen sind. Die unglaublich gute Approximation 355/113 (= 3,141592...) wurde von dem chinesischen Mathematiker Zu Chongzhi (429–500) um 480 n.Chr. gefunden, indem er ein 12 288-Eck berechnete! Man kann die Irrationalität von π auch so ausdrücken: π ist eine unendliche Zahl; ihre Ziffern hören nie auf. Zudem wird die Ziffernfolge von π auch nie regelmäßig, es gibt keinen periodischen Zyklus, der sich ab einer gewissen Stelle immer wiederholt. Jede neue Ziffer ist eine Überraschung! Umso spannender ist es, möglichst viele Stellen von π zu berechnen. Heute kennt man über zehn Billionen Stellen – obwohl man für praktische Kreisberechnungen mit 40 Stellen locker auskommen würde.

Die Zahl π ist sogar transzendent. Dies bedeutet, dass es keine Gleichung mit ganzzahligen Koeffizienten gibt, die π als Lösung hat. Das wurde von Ferdinand von Lindemann (1852–1939) im Jahr 1882 bewiesen.

9
Mein Geburtstag in Pi

Wenn man die ersten 1000 Stellen der Zahl π betrachtet – zum Beispiel auf der Pi-Spirale im Mathematikum –, dann sieht man nur ein wirres Durcheinander von Zahlen. Man könnte auf die Idee kommen, dass es sich um eine zufällige Zahlenfolge handelt. Das ist natürlich nicht richtig, denn π ist eine eindeutig bestimmte Zahl: Die millionste Stelle steht fest, unabhängig davon, ob ich sie kenne oder nicht.

Bei dem Experiment «Mein Geburtstag in Pi» im Mathematikum wird man aufgefordert, das eigene Geburtsdatum (oder irgendeine andere sechsstellige Ziffernfolge) einzugeben. Nach kurzer Zeit zeigt einem der Computer, an welcher Stelle von π die eingegebene Kombination zum ersten Mal vorkommt. Manche Folgen erscheinen sehr früh, während viele Zahlenkombinationen erst nach Millionen von Stellen auftauchen. So taucht die Folge 000000 erst nach 1 699 927 Stellen auf, während die Folge 999999 schon an der 762-ten Stelle beginnt. Sensationell! Auf der Abbildung ist zu sehen, an welcher Nachkommastelle von π das Eröffnungsdatum des Mathematikums zum ersten Mal erscheint.

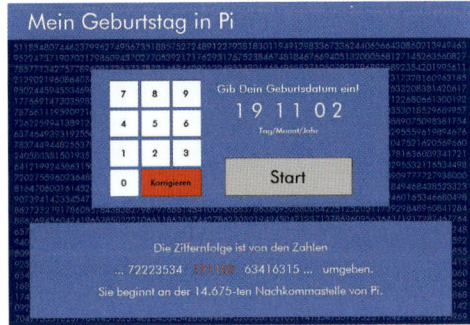

43

Die Ziffern werden übrigens nicht berechnet, vielmehr sind einige Millionen Ziffern von π im Rechner gespeichert, und dieser sucht nur das erste Auftreten der Folge.

Alle sechsstelligen Folgen kommen irgendwann in π vor. Ob allerdings jede überhaupt denkbare Folge in π vorkommt, ist bis heute eine offene Vermutung. Sollte das der Fall sein, dann würden Mathematiker die Zahl π, etwas fantasielos, «normal» nennen. Die Frage ist also, ob π normal ist. Man weiß zum Beispiel nicht, ob eine Folge von 1000 Einsen in π vorkommt.

Anmerkung zu «normalen» Zahlen

Eine reelle Zahl heißt «normal», wenn jede k-stellige Folge von Ziffern langfristig mit der gleichen Häufigkeit vorkommt. Insbesondere muss bei einer normalen Zahl jede endliche Folge von Ziffern mindestens einmal vorkommen.

Man weiß zwar, dass es unendlich viele normale Zahlen gibt, aber es ist schwierig, normale Zahlen anzugeben. Die erste explizite Konstruktion stammt aus dem Jahr 1933: Die Zahl

$$0,1\ 2\ 3\ 4\ 5\ 6\ 7\ 8\ 9\ 10\ 11\ 12\ 13\ 14\ 15\ 16\ 17\ \dots,$$

gebildet durch «Aneinanderreihen» der natürlichen Zahlen, ist normal. Eine Folge von 1000 Einsen kommt bei dieser Zahl zum ersten Mal an der Stelle vor, an der die natürliche Zahl 111...1 (die aus 1000 aufeinanderfolgenden Einsen besteht) auftaucht.

Man kann auch die Primzahlen aneinanderreihen:

$$0,2\ 3\ 5\ 7\ 11\ 13\ 17\ 19\ 23\ 29\ 31\ 37\ 41\ 43\ \dots$$

Diese Zahl wird nach ihren Entdeckern «Copeland-Erdős-Zahl» genannt und ist ebenfalls normal.

Allerdings weiß man bis heute nicht, ob Zahlen wie $\sqrt{2}$, π oder e normal sind.

10
Unendlich viele Bruchzahlen

Die Unendlichkeit hat die Menschen, insbesondere die Mathematiker, schon immer fasziniert. David Hilbert (1862-1943), der wichtigste Mathematiker in der ersten Hälfte des 20. Jahrhunderts, fand in seinem Aufsatz «Über das Unendliche» (1925) fast poetische Worte für diese Faszination:

> *Das Unendliche hat wie keine andere Frage von jeher*
> *so tief das Gemüt der Menschen bewegt;*
> *das Unendliche hat wie kaum eine andere Idee*
> *auf den Verstand so anregend und fruchtbar gewirkt;*
> *das Unendliche ist aber auch wie kein anderer Begriff*
> *so der Aufklärung bedürftig.*

Unter anderem war Hilbert fasziniert von dem «Paradies» der Mengenlehre, das der deutsche Mathematiker Georg Cantor (1845-1918) geschaffen hat. Cantor hat nämlich eine Methode entwickelt, mit der man Unendlichkeiten vergleichen kann; mit deren Hilfe man also sagen kann: Diese zwei Unendlichkeiten sind «gleich groß» und jene sind «von unterschiedlicher Größenordnung».

Ein grundlegender Begriff Cantors ist die Abzählbarkeit. Man nennt eine Menge «abzählbar», wenn man ihre Elemente so anordnen kann, dass es ein erstes Element gibt, ein zweites, ein drittes und so weiter – und wenn man damit alle Elemente erfasst. Mit anderen Worten: Eine Menge ist abzählbar, wenn man ihre Elemente mit den natürlichen Zahlen 1, 2, 3, ... durchnummerieren oder, einfach gesagt, wenn man die Elemente hintereinander aufschreiben kann.

Viele Mengen sind abzählbar:

- Die positiven geraden Zahlen sind abzählbar: 2, 4, 6, 8, ... (2 hat die Nummer 1, 4 hat die Nummer 2, 6 die Nummer 3 und so weiter).
- Die positiven ungeraden Zahlen sind abzählbar: 1, 3, 5, 7, ...
- Auch die (positiven und negativen) ganzen Zahlen sind abzählbar. Man beginnt in der Mitte und schaut dann abwechselnd nach rechts und links: 0, 1, –1, 2, –2, 3, –3, ...

Bei anderen Mengen ist zunächst nicht klar, ob sie abzählbar sind: die Menge der Punkte der Ebene oder auch – im Reich der Zahlen – die Menge der Bruchzahlen. Bei den Bruchzahlen weiß man nicht einmal, wo man anfangen soll. Der erste Coup von Cantor war der Nachweis, dass die Bruchzahlen abzählbar sind. Dies gelang ihm im Jahr 1874.

Unser Experiment zeigt, wie man die Bruchzahlen zwischen 0 und 1 (jeweils ausschließlich) abzählen kann. Die Idee ist ganz einfach. Man ordnet die Bruchzahlen nach der Größe ihrer Nenner.

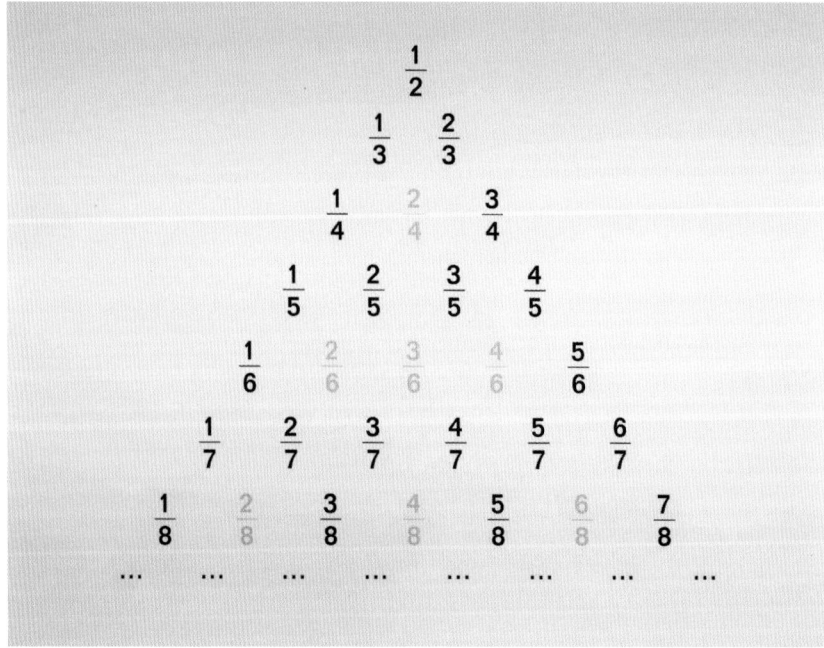

Zuerst kommt der Bruch mit dem Nenner 2. Das ist 1/2.

Dann kommen die Brüche 1/3 und 2/3 mit dem Nenner 3.

In der nächsten Reihe werden die Bruchzahlen mit Nenner 4 aufgeführt, allerdings wird 2/4 ausgelassen, da ja 2/4 gleich 1/2 ist und dieser Bruch bereits vorkam.

Und so weiter. Klar ist: Jede Bruchzahl kommt in irgendeiner Zeile vor (die Bruchzahl m/n erscheint in der Zeile mit der Nummer n). Da vor der Bruchzahl m/n nur endlich viele Bruchzahlen an der Reihe waren, erhält auch dieser Bruch eine endliche Nummer. In dieser Abzählung würde die Reihe der Bruchzahlen zwischen 0 und 1 so beginnen: 1/2, 1/3, 2/3, 1/4, 3/4, 1/5, 2/5, 3/5, 4/5, 1/6, 5/6, 1/7, ...

Auf ganz ähnliche Weise lässt sich nachweisen, dass *alle* positiven Bruchzahlen abzählbar sind. Cantors zweiter Coup (ebenfalls im Jahr 1874) war übrigens zu zeigen, dass die reellen Zahlen (also die endlichen und unendlichen Kommazahlen) nicht abzählbar sind. Das bedeutet, dass die reellen Zahlen eine viel größere Unendlichkeit bilden als die natürlichen Zahlen oder die Bruchzahlen.

Kapitel 3
Hier wird gerechnet

Zahlen dienen nicht nur zum Zählen, sondern auch zum Rechnen. Schon sehr früh entstand die Notwendigkeit, zu addieren und zu multiplizieren, zu subtrahieren und zu dividieren. In den antiken Hochkulturen in Mesopotamien und Ägypten waren schon im 2. Jahrtausend v. Chr. zahlreiche Rechentechniken im Gebrauch. Dazu wurden Rechengeräte wie etwa der Abakus entwickelt und verwendet. Dieser nahm das Dezimalsystem vorweg. Für das Rechnen mit Computern ist das Binärsystem entscheidend, das auf den Ziffern 0 und 1 beruht. Erstaunlicherweise wurde dies schon Jahrhunderte vor den Computern erfunden und explizit oder implizit benutzt.

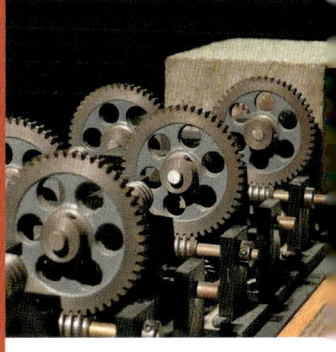

11
Der Abakus

Mit den römischen Zahlen kann man Jahreszahlen angeben oder gewisse Daten, etwa die Nummer einer Legion, beschreiben, aber gut rechnen kann man mit ihnen nicht. Addition und Subtraktion funktionieren gerade noch, wenn auch mit Hindernissen, aber spätestens bei der Multiplikation versagen die römischen Zahlen ihren Dienst.

Gerechnet haben die Römer auch nicht mit «ihren» römischen Zahlen, sondern mit dem Abakus. Dieser ist keine römische Erfindung, denn er war

schon um 1000 v. Chr. in China und Japan bekannt. Der Abakus wurde aber auch von den Griechen und Römern benutzt, um komplexere Rechnungen durchführen zu können. Im Mittelalter wurde ein entsprechendes System angewandt, wobei statt des technisch aufwändigen Abakus ein Rechentisch oder einfach ein Rechentuch verwendet wurde.

Interessant ist, dass der Abakus im Prinzip schon das Dezimalsystem realisierte – Jahrhunderte vor der Erfindung des Dezimalsystems durch die Inder. Eine ausgesprochene «List der Vernunft»! Was für uns heute selbstverständlich erscheint, wurde von den damaligen Menschen als echtes Wunder erlebt.

Die einzelnen Stangen des Abakus repräsentieren die Stellen der Zahlen: unten sind die Einer, darüber die Zehner, dann kommen die Hunderter, die Tausender und so weiter.

Die Grundidee des Abakus besteht darin, Zahlen vernünftig darzustellen. Auf jeder Stange gibt es zwei Sorten von Kugeln, nämlich die fünf blauen links, die jeweils den Wert 1 haben, und die zwei roten rechts, die beide den Wert 5 haben. Die Kugeln werden «aktiviert», indem sie in die Mitte geschoben werden. Mit den Kugeln einer Stange kann man also die entsprechende Ziffer realisieren.

Vor Beginn eines Rechenvorgangs werden alle Kugeln nach außen geschoben. Nun wird die erste Zahl eingestellt: Wenn zum Beispiel auf der untersten Stange eine rote und zwei blaue Kugeln nach innen geschoben werden, dann ist das die Zahl 7. Die Zahl 367 wird so dargestellt: auf der untersten Stange eine rote und zwei blaue Kugeln, auf der zweituntersten Stange eine rote und eine blaue und auf der dritten Stange von unten drei blaue Kugeln.

Da auf jeder Stange fünf blaue und zwei rote Kugeln vorhanden sind, ist die Zahlendarstellung nicht eindeutig. Die ersten Zahlen, die zwei oder mehr Darstellungen haben, sind: 5, 10, 11, 12, 13, 14, 15, 20, 21, 22, 23, 24, 25, ...

Es gab auch Abakus-Versionen, bei der auf jeder Stange nur vier blaue und eine rote Kugel vorhanden waren; damit war zwar die Zahlendarstellung eindeutig, aber das Rechnen mit einem solchen Abakus war sehr fehleranfällig, insbesondere bei der Behandlung der Überträge.

Nun zum Rechnen: Im Grunde ist der Abakus eine Additions- beziehungsweise Subtraktionsmaschine. Wenn man zum Beispiel die Rechnung $7+2$ ausführen möchte, so stellt man zunächst die Zahl 7 ein (wie oben), und fügt dann 2 hinzu, indem man auf der untersten Stange noch zwei blaue Kugeln in die Mitte schiebt. Bei $7+3$ schiebt man zu der Zahl 7 entsprechend noch 3 blaue Kugeln in die Mitte. Nun kann man auf der untersten Stange «umtauschen»: fünf blaue Kugeln gegen eine rote. Man schiebt dazu mit der linken Hand die fünf blauen Kugeln wieder nach außen und gleichzeitig mit der rechten Hand eine rote in die Mitte. In diesem Fall kann man noch einmal umtauschen: zwei rote auf der untersten Ebene gegen eine blaue auf der nächsthöheren Ebene.

Schon an diesem einfachen Beispiel erkennt man einen Nachteil des Rechnens mit dem Abakus. Man stellt eine Zahl ein, dann kommt die andere hinzu, und am Ende steht das Ergebnis da. Das Problem ist, dass man daraus weder die Ausgangszahlen noch irgendwelche Zwischenergebnisse rekonstruieren kann. Damit kann man etwaige Fehler im Rechengang weder erkennen noch korrigieren. Das hat sich erst mit der Einführung der sogenannten schriftlichen Rechenverfahren (das sind die uns geläufigen Verfahren) grundlegend geändert.

Zum Weiterdenken

Wie haben die Römer multipliziert? Das weiß man nicht genau. Es gibt Wissenschaftler, die vermuten, es müsse so ähnlich wie bei uns gemacht worden sein. Andere glauben, dass die Römer ein Verfahren benutzt haben, bei dem man nur halbieren, verdoppeln und addieren muss. Wir berechnen mit diesem Verfahren 13 mal 24.

Zunächst erfolgen die Halbierungsschritte: Man halbiert den ersten Faktor, also die Zahl 13. Die Hälfte von 13 ist 6,5; man rundet ab und erhält 6. Dann halbiert man 6 und erhält 3. Dann halbiert man 3, rundet ab und erhält 1 (siehe die linke Spalte der Tabelle).

13	24
6	48
3	96
1	192
	312

Auf der rechten Seite der Tabelle verdoppelt man den zweiten Faktor, also die Zahl 24, entsprechend häufig.

Nun sucht man auf der linken Seite die ungeraden Zahlen (in unserem Fall sind dies die Zahlen 13, 3 und 1) und markiert die zugehörigen Zahlen auf der rechten Seite (in unserem Fall also 24, 96 und 192). Diese markierten Zahlen auf der rechten Seite zählt man zusammen. Dies ergibt 312, und das ist tatsächlich das Ergebnis der Multiplikation!

Auf den ersten Blick mag diese Methode kompliziert erscheinen, aber die Vorteile sind entscheidend: Man muss nur (großzügig) halbieren, verdoppeln und wenige Zahlen addieren, alles Operationen, die mit dem Abakus gut funktionieren.

Dies zeigt, dass es möglich gewesen sein könnte, dass die Römer so multipliziert haben. Was gegen diese Vermutung spricht, ist die Tatsache, dass hinter diesem Verfahren letztlich das Binärsystem steckt. Und die Römer kannten das Binärsystem definitiv nicht. Dieses System wird in den nächsten beiden Experimenten («Binäruhr» und «Hochstapelei») erklärt.

Man kann das Verfahren mathematisch gut nachvollziehen, wenn man das Binärsystem nutzt. Um das Produkt ab auszurechnen, stellen wir a in binärer Form dar. Dann trägt ein Vielfaches des 2. Faktors (also b, 2b, 4b, ...) genau dann zum Ergebnis bei, wenn die entsprechende Ziffer in der binären Darstellung von a (die letzte, die vorletzte, die drittletzte, ...) gleich 1 ist.

Erster Faktor	Erster Faktor in Binärform	Vielfache des zweiten Faktors
13	**1101**	**$24 = 1 \cdot 24$**
6	110	$48 = 2 \cdot 24$
3	**11**	**$96 = 4 \cdot 24$**
1	**1**	**$192 = 8 \cdot 24$**
		$312 = (1+4+8) \cdot 24$

12
Die Binäruhr

Zahlen kann man auf viele verschiedene Weisen darstellen. Wir sind es gewohnt, Zahlen im Dezimalsystem zu lesen. Andere Darstellungen wirken auf den ersten Blick geheimnisvoll, sind aber manchmal sehr wichtig.

Die «Binäruhr» erlaubt keine Interaktion. Man kann sie nicht beeinflussen. Man kann sie nur anschauen. Aber sie ist nicht nur schön, sondern auch spannend und lehrreich.

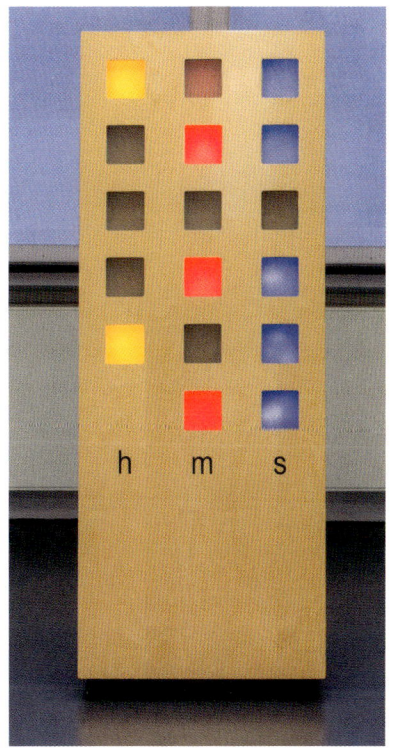

Die Binäruhr zeigt die Zeit nicht über Zeiger oder mit den Ziffern 1 bis 12, sondern sie zeigt uns die Zeit in den Zeichen, mit denen Computer Zahlen verarbeiten.

Es handelt sich um das Binärsystem, in dem nur die Ziffern 0 und 1 verwendet werden. Bei der «Binäruhr» wird dies dadurch realisiert, dass die entsprechenden Leuchten aus oder an sind.

Die drei senkrechten Leuchtreihen zeigen die Stunden, die Minuten und die Sekunden an. Schon bevor man die Leuchtmuster dechiffrieren kann, fallen einem vor allem bei den Sekunden merkwürdige Phänomene auf. Die Lampen blinken, und zwar gehen sie in zunächst unvorhersehbar scheinender Weise an und aus. Bei genauerem Hinsehen erkennt man aber, dass alles nach strengen Regeln verläuft.

- Die oberste Leuchte blinkt im Sekundenrhythmus: Eine Sekunde an, eine Sekunde aus, eine Sekunde an, eine aus. Und so weiter.
- Wenn man nur die zweitoberste Lampe anschaut und dabei die beiden Leuchten darüber und darunter abdeckt, bemerkt man, dass auch diese Leuchte sehr regelmäßig arbeitet: abwechselnd zwei Sekunden an und zwei Sekunden aus.
- Entsprechend hat die drittoberste Leuchte einen Viersekundenrhythmus: vier Sekunden an, vier Sekunden aus. Die nächste hat einen Achtsekundenrhythmus und so weiter.

Interessant ist auch zu beobachten, wie sich das Zählen der Sekunden in der Veränderung des Leuchtmusters zeigt: Zu jeder neuen Sekunde geht eine Leuchte an, die vorher nicht geleuchtet hat. Wenn man diese «Leuchtspur» mit den Augen verfolgt, wird man sie schon nach kurzer Zeit vorhersagen können!

Um die Zahlen wirklich zu lesen, schauen wir uns die Stundenleuchten ganz links an. Wir stellen uns vor, dass die oberste und unterste Leuchte an sind und alle anderen aus (wie auf dem Bild). Welche Zahl stellt dieses Muster dar?

Die oberste Leuchte repräsentiert die Einerstelle. Wenn diese Leuchte angeschaltet ist, bedeutet das 1. Die zweitoberste würde in dem uns vertrauten Zehnersystem 10 bedeuten; im Binärsystem, das heißt im System zur Basis 2, hat diese Stelle den Wert 2. Die nächste Stelle würde im Zehnersystem den Wert 100, also 10 mal 10, haben; im Zweiersystem hat sie den Wert 2 mal 2, also 4. Die viertoberste Stelle hat den Wert 2 mal 2 mal 2, also 8. Schließlich hat die unterste Leuchte den Wert 16. Insgesamt zeigen die Leuchten also die Zahl $1 + 16 = 17$ an.

Noch ausführlicher könnte man schreiben: $17 = 1 \cdot 1 + 0 \cdot 2 + 0 \cdot 4 + 0 \cdot 8 + 1 \cdot 16$. In Kurzschreibweise heißt die Zahl 17 im Binärsystem dann $(1\ 0\ 0\ 0\ 1)_2$. Die tiefgestellte 2 dient als Kennzeichen dafür, dass es sich hierbei um eine Binärzahl handelt.

Die abgebildete Binäruhr zeigt uns die Zeit 17 Uhr 42 und 59 Sekunden.

Der Erste, der das Potenzial des Binärsystems erkannt hat, war Gottfried Wilhelm Leibniz (1646–1716). Im Jahre 1697 beschreibt er in einem Brief an den Herzog von Braunschweig-Wolfenbüttel das System, das er «dyadisch» nennt. Zur Begründung greift Leibniz auf die Religion zurück: Das Binärsystem sei eine göttliche Offenbarung, «weil die leere Tiefe und Finsternis zu Null und Nichts, aber der Geist Gottes mit seinem Lichte zum Allmächtigen, zu Eins gehört». Gott hat die Welt in sieben Tagen geschaffen; diese Zahl wird in binärer Schreibweise als 111 dargestellt: durch drei (!) göttliche Einsen und ohne jede teuflische Null.

Leibniz war nicht der Erste, der Zahlen mit nur zwei Zeichen dargestellt hat; zum Beispiel hat der englische Mathematiker Thomas Harriot (1560–1621) das Binärsystem schon etwa ein Jahrhundert vor Leibniz studiert. Dieser hat aber als Erster sehr klar den Nutzen des Binärsystems für das Rechnen erkannt: «Das Addieren von Zahlen ist bei dieser Methode so leicht, dass diese nicht schneller diktiert als addiert werden können.» Damit ist Leibniz seiner Zeit um 250 Jahre voraus, denn erst in der Mitte des 20. Jahrhunderts hatte man durch die damals entstehenden Computer die Möglichkeit, die Vorteile der binären Zahlen tatsächlich zu nutzen.

13
Hochstapelei

Ein Geldsystem muss so aufgebaut sein, dass man mit den Münzen und Scheinen jeden Betrag bezahlen kann. Das ließe sich einfach dadurch realisieren, dass man nur 1-Cent-Münzen verwendet – man würde dann aber in der Regel sehr viele Münzen brauchen. Daher möchte man die Münzwerte so festlegen, dass man im Durchschnitt möglichst wenige Münzen braucht. Unser Geldsystem kommt diesem Ideal schon ziemlich nahe. Es stellt einen Kompromiss dar: Einerseits will man mit möglichst wenigen Münzen bezahlen können, andererseits möchte man die übersichtlichen Münzbeträge von 5 Cent, 10 Cent und so weiter benutzen.

Eine entsprechende Frage stellt sich bei der Längenmessung. Grundsätzlich misst man Längen, indem man Stäbe vordefinierter Länge aneinanderlegt. Bei der Längenmessung sind wir gewohnt, in Zentimetern und Metern zu denken. Man könnte aber auch, wie bei den Münzen, fragen, wie sich mit Stäben gewisser Längen ein optimales Maßsystem bilden lässt.

Ein solches optimales Maß- und Zahlensystem kann man bei dem Experiment «Hochstapelei» kennen lernen. Auf den ersten Blick scheint es eine merkwürdige Art zu sein, seine Körpergröße zu messen, aber sie funktioniert: Wenn man eine entsprechende Auswahl der zur Verfügung stehenden Teile aufeinanderstapelt, kann man eine Säule bauen, die exakt so groß ist wie man selbst. Das heißt: Die Summe der Höhen der einzelnen Teile ist gleich der eigenen Körpergröße.

Natürlich sind die Höhen der Teile nicht beliebig. Die aufgedruckten Zahlen geben diese an: 1 cm, 2 cm, 4 cm, 8 cm und so weiter: Jede Zahl ist

doppelt so groß wie ihr Vorgänger. Man kann diese Zahlen auch so schreiben:

$$1 = 2^0,\ 2 = 2^1,\ 4 = 2 \cdot 2 = 2^2,\ 8 = 2 \cdot 2 \cdot 2 = 2^3,\ 16 = 2 \cdot 2 \cdot 2 \cdot 2 = 2^4, \dots$$

Man spricht von «Zweierpotenzen», das heißt Potenzen der Zahl 2. Diese sind der Reihe nach 1, 2, 4, 8, 16, 32, 64, 128, ...

Die Anlage des Experiments suggeriert die Erkenntnis, dass man jede Körpergröße durch Aufeinanderstapeln der Teile erreichen kann. In der Sprache der Mathematik ausgedrückt, heißt dies: Jede natürliche Zahl ist eine Summe von Zweierpotenzen.

Diese Tatsache kann man für kleine Zahlen ganz einfach verifizieren: 1 ist eine Zweierpotenz, 2 ist eine Zweierpotenz, $3 = 2 + 1$, 4 ist eine Zweierpotenz, $5 = 4 + 1$, $6 = 4 + 2$, $7 = 4 + 2 + 1$, 8 ist eine Zweierpotenz, $9 = 8 + 1$, $10 = 8 + 2$, $11 = 8 + 2 + 1$, $12 = 8 + 4$ und so weiter.

Allgemein können wir sagen: Jede natürliche Zahl $n \geq 1$ kann als Summe von verschiedenen Zweierpotenzen dargestellt werden.

Das kann man sich auch allgemein klarmachen: Man bestimmt die größte Zweierpotenz 2^a, die nicht größer als n ist. Dann ist die Zahl n' = n-2^a kleiner als 2^a. Nun sucht man die größte Zweierpotenz 2^b, die kleiner als n' ist. Und so weiter.

Diese Tatsache ist etwas ganz Besonderes. Für die Quadratzahlen, jene Zahlen, die durch Multiplikation einer ganzen Zahl mit sich selbst entstehen, gilt das beispielsweise nicht: Schon die Zahlen 2, 3, 6, 7 sind nicht Summe von verschiedenen (!) Quadratzahlen!

Bei der Durchführung des Experiments gehen viele Besucher nach der oben beschriebenen Methode vor. Sie wählen zunächst das größte Teil, das noch kleiner als die Körpergröße ist. Unter den restlichen Teilen wählen sie nun das größte, das zusammen mit dem ersten nicht größer als die Körpergröße ist. Dann kommt, wenn nötig, ein drittes Teil; dieses ist unter den verbliebenen Teilen das größte, das zusammen mit den beiden schon ausgewählten Teilen die Körpergröße nicht übersteigt. Auf diese Weise löst man das Experiment sehr schnell – und hat dabei intuitiv eine Methode erarbeitet, wie sich jede natürliche Zahl als Summe von Zweierpotenzen darstellen lässt.

Das Binärsystem ist eine sehr effiziente Methode, die Darstellung einer Zahl als Summe von Zweierpotenzen zu beschreiben. Man versieht die Zweierpotenzen, die zur Darstellung benötigt werden, mit dem Faktor 1 und diejenigen, die nicht benötigt werden, mit dem Faktor 0. Aus der folgenden Tabelle wird deutlich, wie man zu einer Dezimalzahl n ihre Darstellung als Binärzahl findet.

Zahl n	Darstellung von n als Summe von Zweierpotenzen	Darstellung von n als Binärzahl
5	$1 \cdot 2^2 + 0 \cdot 2^1 + 1 \cdot 2^0$	$(1\ 0\ 1)_2$
11	$1 \cdot 2^3 + 0 \cdot 2^2 + 1 \cdot 2^1 + 1 \cdot 2^0$	$(1\ 0\ 1\ 1)_2$
20	$1 \cdot 2^4 + 0 \cdot 2^3 + 1 \cdot 2^2 + 0 \cdot 2^1 + 0 \cdot 2^0$	$(1\ 0\ 1\ 0\ 0)_2$
29	$1 \cdot 2^4 + 1 \cdot 2^3 + 1 \cdot 2^2 + 0 \cdot 2^1 + 1 \cdot 2^0$	$(1\ 1\ 1\ 0\ 1)_2$
163	$1 \cdot 2^7 + 0 \cdot 2^6 + 1 \cdot 2^5 + 0 \cdot 2^4 + 0 \cdot 2^3 + 0 \cdot 2^2 + 1 \cdot 2^1 + 1 \cdot 2^0$	$(1\ 0\ 1\ 0\ 0\ 0\ 1\ 1)_2$

14
Pi binär

Nicht nur im Dezimalsystem gibt es Kommazahlen, sondern auch im Binärsystem.

Im Dezimalsystem stehen vor dem Komma der Reihe nach die Einer, Zehner, Hunderter und so weiter und hinter dem Komma die Zehntel, Hundertstel, Tausendstel. Genau gesagt zeigt die erste Stelle nach dem Komma die Anzahl der Zehntel an, die zweite Stelle nach dem Komma die Anzahl der Hundertstel und die dritte Stelle die Anzahl der Tausendstel.

Eine Zahl wie 3,25 bedeutet also 3 plus 2 Zehntel plus 5 Hundertstel oder, in symbolischer Schreibweise: $3,25 = 3 + 2/10 + 5/100$.

Ganz entsprechend sind Kommazahlen im Binärsystem aufgebaut. Allerdings tragen auch die Stellen nach dem Komma nur die Ziffern Null und Eins. Die erste Stelle nach dem Komma steht für 1/2, die zweite Nachkommastelle für 1/4, die dritte für ein 1/8 und so weiter.

Ein Beispiel macht das klar: Die Zahl $(0,101)_2$ ist gleich 0 mal 1 plus 1 mal 1/2 plus 0 mal 1/4 plus 1 mal 1/8.

Einer		Halbe	Viertel	Achtel
0	,	1	0	1

Also ist diese Zahl gleich 5/8 oder, als Dezimalbruch geschrieben, 0,625.

Nur sehr wenige binäre Kommazahlen sind endlich, nämlich nur diejenigen, die sich als Bruch so schreiben lassen, dass der Nenner eine Zweierpotenz ist. Also zum Beispiel 1/4, 7/8, 23/32. Alle anderen rationalen Zahlen (Bruchzahlen) sind im Binärsystem periodische Brüche.

Schon der harmlose Dezimalbruch 0,1 ergibt in binärer Form einen unendlichen Bruch $(0,000110011001100...)_2$. Und der Bruch 1/3 ist in binärer Form gleich $(0,010101...)_2$.

Irrationale Zahlen, wie etwa die Zahl π, lassen sich auch als binäre Bruchzahlen darstellen, sie ergeben aber keine periodischen Brüche, sondern bleiben auf Dauer unregelmäßig.

Die Zahl $\pi = 3,14159...$ lautet binär so: $\pi = (11,001001...)_2$.

2	1		1/2	1/4	1/8	1/16	1/32	1/64
1	1	,	0	0	1	0	0	1

Dies kann man so erklären: Vor dem Komma steht die binäre Zahl $(11)_2$, also im Dezimalsystem 3.

Wenn die erste Stelle nach dem Komma eine 1 wäre, dann wäre $\pi = (11,1...)_2 = 3 + 1/2 + ... > 3,5$. Da dies nicht richtig ist, muss die erste Stelle nach dem Komma eine Null sein.

Ebenso kann man erkennen, dass auch die zweite Nachkommastelle gleich null sein muss. Andernfalls wäre $\pi = (11,01...)_2 = 3 + 1/4 + ... > 3,25$.

Die dritte Nachkommastelle ist aber eine Eins, da $(11,001)_2 = 3 + 1/8 + ... > 3,125 < \pi$ ist.

Auf diese Weise kann man schrittweise überprüfen, ob die jeweils nächste Ziffer eine Null oder eine Eins sein muss. Man überprüft einfach, ob die entsprechende binäre Kommazahl kleiner oder größer als π ist. So lassen sich schrittweise beliebig viele Binärstellen von π bestimmen.

Das Experiment im Mathematikum ist eine Skulptur, bei der die Einsen durch senkrechte rote Plättchen und die Nullen durch waagerechte blaue Plättchen dargestellt sind. So kann man durch Anschauen oder durch Fühlen die binäre Struktur der Zahl π erfassen.

15
Die Unendlichkeitsmaschine

Die fast deckenhohe Maschine im Mathematikum zieht automatisch die Aufmerksamkeit auf sich, und das, obwohl man nichts machen kann und obwohl sich fast nichts bewegt. Man sieht eine senkrechte Reihe von ineinandergreifenden Zahnrädern, eines über dem anderen. Das unterste Rad dreht sich noch rasch, das zweitunterste schon deutlich langsamer, beim drittuntersten Rad kann man gerade noch erkennen, dass es sich bewegt. Die Räder stehen jeweils in einem Übersetzungsverhältnis von 10 : 1. Das heißt, jedes Rad dreht sich zehnmal so schnell wie das darüberliegende. Anders gesagt: Jedes Rad dreht sich zehnmal so langsam wie das darunterliegende.

Das zweitunterste Rad dreht sich vollständig in genau einer Minute. Daher braucht das dritte Rad schon zehn Minuten für eine Umdrehung, das vierte Rad 100 Minuten und so weiter. Das oberste der insgesamt 26 Räder braucht also 10 hoch 25 Minuten für eine Umdrehung. Das sind etwa $2 \cdot 10^{19}$ Jahre, also weit mehr als eine Trillion Jahre. Wenn man bedenkt, dass das Universum «nur» 14 Milliarden Jahre alt ist (10 hoch 12), dann weiß man, welche unvorstellbaren Zeiträume das Exponat anspricht.

Jedes Rad ist mit den zehn Zahlen 0, 1, ..., 9 gekennzeichnet. Daran kann man auch kleine Veränderungen gut erkennen. Am 4. April 2014 um 12:00 Uhr mittags wurde die Maschine angeschaltet und läuft seitdem ununterbrochen. Während eines mehrstündigen Besuchs im Mathematikum dreht sich das viertunterste Rad etwa zweimal. Und auch beim fünften Rad lässt sich noch eine Bewegung beobachten. Dazu merkt man sich zu Beginn des Besuchs die Position dieses Rads und stellt am Ende eine kleine Veränderung fest. Doch beim zehnten Rad hat man keine Chance, im Zeitraum von wenigen Stunden eine Bewegung wahrzunehmen.

Für eine mathematische Analyse des Experiments überlegen wir Folgendes: Jedes Rad überträgt seine Geschwindigkeit mit einer Übersetzung von 10 : 1 auf das darüberliegende Rad. Das heißt, bei jedem Rad nimmt die Geschwindigkeit im gleichen Verhältnis ab (nämlich um den Faktor 10). Das ergibt insgesamt ein «exponentielles Abklingen»: Das erste Rad dreht sich mit einer Geschwindigkeit von 10 (Umdrehungen pro Minute), das zweite mit einer Geschwindigkeit von 1, das dritte mit 1/10, das nächste mit 1/100 und so weiter. Allgemein gesprochen dreht sich das n-te Rad mit $1/10^{(n-2)}$ Umdrehungen pro Minute. Und so, wie die Exponentialfunktion mit positivem Exponenten unvorstellbar schnell wächst, so nimmt die Exponentialfunktion mit negativem Exponenten unvorstellbar schnell ab.

Das Exponat ist eine Variante der «Machine in concrete» (1992) des amerikanischen Künstlers Arthur Ganson (geb. 1955). Er ist ein Vertreter der «kinetischen Kunst», das heißt, dass seine Werke Bewegung darstellen, in der Regel sogar selbst beweglich sind.

Kapitel 4
«Kombiniere!»

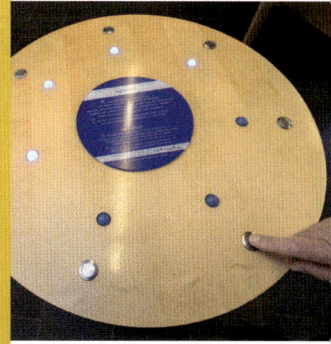

In dem Teil der Mathematik, der «Kombinatorik» genannt wird, geht es nicht um Einzelobjekte, sondern um viele Objekte, die durch systematische Variation eines oder mehrerer Komponenten entstehen. Sehr häufig entstehen so viele Kombinationen, dass es aussichtslos ist, alle aufzulisten. Daher ist man oft alleine an der Anzahl der Kombinationen interessiert. Das Faszinierende ist, dass man diese Anzahlen häufig einfach berechnen kann, indem man nur die einzelnen Komponenten in Betracht zieht.

16
Wörtersalat

Eingebildete Tanten sind zum Haareraufen. Solche oder ähnliche Sätze liest man, wenn man sich diesem «Wortkombinierer» nähert.

Man kann diesen Satz verändern oder ganz neue Sätze bilden – allerdings nur Sätze, die nach dem gleichen Schema gebildet sind.

Jeder Satz handelt von einer Personengruppe (Tanten, Geschwister, Babys, ...); diese Substantive stehen auf einem roten Plättchen und liegen an der zweiten Stelle.

An erster Stelle – auf einem blauen Plättchen – steht jeweils eine Eigenschaft, die durch ein Adjektiv ausgedrückt wird. Auch dieses Wort steht im Plural, so dass es zum zweiten Wort passt, zum Beispiel «eingebildete», «intelligente», «ehrgeizige» und so weiter.

Das dritte Wort dieses Satzes ist das Verb, und es lautet stets «sind».

Schließlich ist das vierte, grüne Plättchen eine Ergänzung zum Verb; es beschreibt, wie die Personen, die auf dem zweiten Plättchen genannt werden, sind: «unmöglich», «gefährlich», «zum Haareraufen», ...

Mathematisch betrachtet gehört dieses Experiment in das Gebiet der «Kombinatorik». Dort geht es darum, eine enorme Anzahl von Situationen abzuzählen. In der Kombinatorik geschieht dies häufig durch Zurückführen auf einfache Parameter.

Bei dem Experiment «Wörtersalat» könnte man natürlich alle Sätze zählen, indem man sie der Reihe nach auslegt. Es geht aber viel effizienter. Man kann nämlich leicht ausrechnen, wie viele Sätze sich bilden lassen. Da es genau 12 blaue, genau 12 rote und genau 12 grüne Plättchen gibt und alle

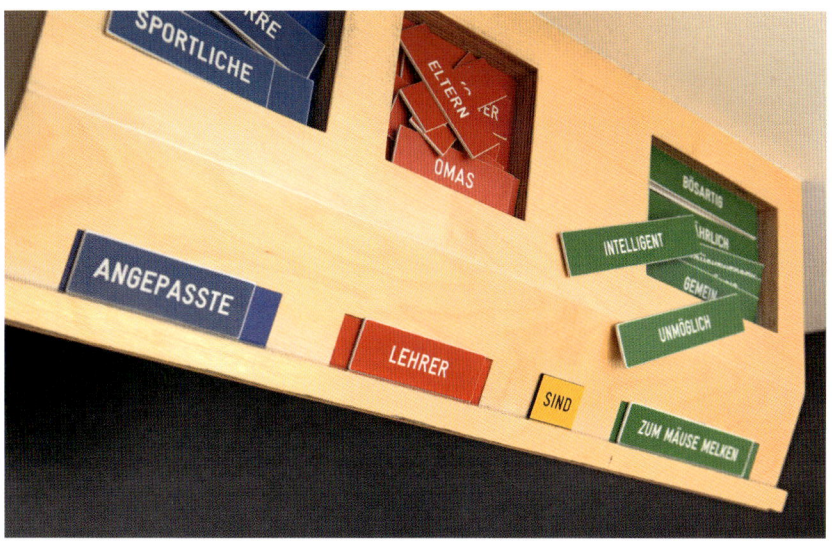

Kombinationen erlaubt sind, ist die Gesamtzahl aller Kombinationen $12 \cdot 12 \cdot 12 = 1728$. So viele Sätze lassen sich aus diesen wenigen Wörtern bilden!

17
Das Wabenpuzzle

Eine charakteristische Erfahrung der Mathematik ist das perfekte «Zusammenpassen» von zwei oder mehr Objekten. Beim Wabenpuzzle müssen viele Teile zusammenpassen.

Es ist ein Experiment, das einen unmittelbar anspricht. Die leuchtenden Farben auf den Teilen verlangen geradezu danach, passend aneinandergelegt zu werden. Und in der Tat geht es darum, die sechseckigen Teile so aneinander zu legen, dass jeweils gleiche Farben zusammenkommen.

Auf jedem Sechseck sind in den Segmenten die Farben Orange, Rot, Weiß, Gelb, Blau und Grün zu sehen. Die Anordnung der Farben variiert von Sechseck zu Sechseck. Eines der Sechsecke ist fixiert. Um dieses herum muss man die anderen Sechsecke gruppieren.

Dies ist ein komplexes Problem, weil es außerordentlich viele Möglichkeiten gibt und man daher nicht weiß, wie man anfangen soll. Grundsätzlich könnte jedes der sechs äußeren Sechsecke an jede Stelle des zentralen Sechsecks gesetzt werden. Dafür gibt es $6! = 6 \cdot 5 \cdot 4 \cdot 3 \cdot 2 \cdot 1 = 720$ Möglichkeiten. Ferner kann jedes äußere Sechseck in sechs Positionen gedreht werden. Somit hätte man insgesamt $720 \cdot 6 \cdot 6 \cdot 6 \cdot 6 \cdot 6 \cdot 6 = 33\,592\,320$ Möglichkeiten zu betrachten.

Man mag es bedauern oder nicht, aber bei diesem Puzzle führt nur die Strategie des Ausprobierens zum Ziel, besser gesagt: die Methode des systematischen Ausprobierens. Dabei wird man feststellen, dass die Anzahl der tatsächlich zu untersuchenden Fälle viel geringer ist, denn häufig entstehen Konstellationen, an die keines der noch verfügbaren Teile passt. Das ist schon zu Anfang der Fall. Wenn man das Sechseck, das in zyklischer Reihenfolge die Farben Weiß, Blau, Grün, Orange, Rot, Gelb trägt, an die weiße Seite des zentralen Sechsecks legen würde, müsste das anschließende Sechseck zwei gelbe Segmente haben, was unmöglich ist.

Man kann dieses Sechseck aber auch, wie auf der Abbildung zu sehen ist, mit seiner blauen Seite an das zentrale Sechseck anlegen. Dann muss das Sechseck links daneben (vom Experimentator aus betrachtet) die Eigenschaft haben, dass bei ihm das grüne und das gelbe Segment unmittelbar im Uhrzeigersinn aufeinanderfolgen. Von dieser Sorte gibt es nur ein Sechseck. Auch das sich daran anschließende Sechseck ist eindeutig. So kommt man schnell zum Ziel.

18
Das musikalische Würfelspiel

Dass Wolfgang Amadeus Mozart (1756–1791) einer der größten Komponisten aller Zeiten ist, weiß jeder. Dass er auch ein mathematisches Experiment entwickelt hat, mag man hingegen kaum glauben. Dennoch ist es so, selbst wenn Mozart dieses Experiment wohl vor allem als musikalisches Gesellschaftsspiel gedacht haben wird.

Es handelt sich um sein «Musikalisches Würfelspiel», eine *Anleitung so viel Walzer oder Schleifer mit zwei Würfeln zu componiren so viel man will ohne musikalisch zu seyn noch etwas von der Composition zu verstehen* (KV Anh. 294d).

Wenn jemand, der auch nur ein klein wenig von klassischer Musik versteht, dieses Klavierstück aufschlägt, wird er oder sie nicht anfangen, dieses Stück zu spielen. Denn man sieht auf einen Blick, dass nichts zusammenpasst: Der zweite Takt passt nicht zum ersten, auch nicht zum dritten und so weiter. Kurz, es handelt sich um ein unübersichtliches Durcheinander von Takten.

Aber Mozart sagt: Das ist noch nicht das Musikstück, sondern nur das Rohmaterial dazu. Aus diesen vielen Takten wird ein Stück gemacht, und zwar ein Stück mit genau 16 Takten. Der Clou ist, dass jeder dieser 16 Takte aufgrund eines Würfelexperiments ausgewählt wird.

Und so geht es: Wir würfeln jeweils mit zwei normalen Würfeln und addieren die beiden Augenzahlen. Erscheint zum Beispiel beim Wurf für den ersten Takt eine 3 und eine 5, erhalten wir die Augensumme 8. Nun nehmen wir die Tabelle auf der folgenden Seite zur Hand. Sie hat elf Zeilen, die den Augensummen 2 (= 1 + 1) bis 12 (= 6 + 6) entsprechen. Die 16 Spalten, die mit den römischen Zahlen I, II, ..., XVI nummeriert sind, entsprechen den zu komponierenden Takten 1, ..., 16.

	I	II	III	IV	V	VI	VII	VIII	IX	X	XI	XII	XIII	XIV	XV	XVI
2	96	22	141	41	105	122	11	30	70	121	26	9	112	49	109	14
3	32	6	128	63	146	46	134	81	117	39	126	56	174	18	116	83
4	69	95	158	13	153	55	110	24	66	139	15	132	73	58	145	79
5	40	17	113	85	161	2	159	100	90	176	7	34	67	160	52	170
6	148	74	163	45	80	97	36	107	25	143	64	125	76	136	1	93
7	104	157	27	167	154	68	118	91	138	71	150	29	101	162	23	151
8	152	60	171	53	99	133	21	127	16	155	57	175	43	168	89	172
9	119	84	114	50	140	86	169	94	120	88	48	166	51	115	72	111
10	98	142	42	156	75	129	62	123	65	77	19	82	137	38	149	8
11	3	87	165	61	135	47	147	33	102	4	31	164	144	59	173	78
12	54	130	10	103	28	37	106	5	35	20	108	92	12	124	44	131

War die erste Augensumme wie in unserem Fall 8, ergibt der Eintrag der entsprechenden Zeile in der ersten Spalte («Spalte I») die Nummer 152. Dies ist die Nummer des Taktes, den wir jetzt aus dem Rohmaterial, dem Fundus, auswählen müssen.

Ergibt der zweite Wurf die Zahlen 4 und 5, wählen wir den Eintrag in Zeile 9 der Spalte II. Das ist die Nummer 84; der entsprechende Takt wird als zweiter Takt des zu komponierenden Stückes dem ersten hinzugefügt. Und so weiter.

Haben wir dieses Verfahren sechzehnmal durchgeführt, ist unsere Komposition fertig. Im Mathematikum wird nun das gesamte Stück auf einem Bildschirm angezeigt. Drücken wir dann auf den Knopf «Abspielen», hören wir ein überraschendes Ergebnis: Das erwürfelte Stück klingt ausgesprochen gut!

Wie groß ist die Anzahl aller möglichen Stücke? Das können wir leicht ausrechnen: Für den ersten Takt stehen 11 Möglichkeiten zur Verfügung, ebenso für den zweiten, den dritten und so weiter. Nur die Schlusstakte der beiden Teile des Stücks hat Mozart sparsam ausgestattet: Für Takt 8 gibt er – unabhängig von der gewürfelten Augenzahl – nur eine Möglichkeit und für den Schlusstakt 16 gerade mal zwei Möglichkeiten vor. Das heißt: Für den achten Takt des Stückes sind zwar verschiedene Nummern vorgesehen (30, 81, 24, ...), dahinter verbergen sich aber immer die gleichen Noten.

Daher gibt es insgesamt genau $11^{14} \cdot 2 = 759\,499\,667\,166\,482$, das heißt knapp 760 Billionen verschiedene Musikstücke.

Um uns diese riesige Zahl besser vorstellen zu können, machen wir folgendes Gedankenexperiment: Wenn Mozart in jeder Sekunde (!) seines Lebens eines der möglichen Stücke gespielt hätte (also sein ganzes Leben nichts anderes getan hätte) und wenn er das bis heute, also über 250 Jahre lang, fortgeführt hätte – dann hätte er nur etwa ein tausendstel Promille aller Möglichkeiten gespielt.

Das bedeutet, dass jedes von Ihnen erwürfelte Stück mit größter Wahrscheinlichkeit eine echte Uraufführung ist: Kein Mensch hat Ihr Stück jemals zuvor gehört!

19
Bunte Steine

Im Jahr 1779 wurde dem großen Mathematiker Leonhard Euler (1707–1783) ein Problem vorgelegt, das als «Problem der 36 Offiziere» in die Geschichte eingehen sollte. Leonard Euler arbeitete zu dieser Zeit am Hof von Katharina der Großen in St. Petersburg. Damals wurde im militärischen Bereich großer Wert auf gute Repräsentation gelegt.

Die Sitation war so: Es gab sechs Regimenter und sechs Dienstgrade. Wenn man jedes Regiment mit jedem Dienstgrad kombiniert, erhält man 36 Möglichkeiten. Man kann sechs Offiziere vom ersten Regiment auswählen, so dass jeder Dienstgrad einmal vorkommt, entsprechend sechs Offiziere vom zweiten Regiment und so weiter. So erhält man insgesamt 36 Offiziere. So weit kein Problem. Die Frage, die Euler lösen sollte, war folgende: Kann man diese Offiziere so in einem quadratischen Karree aufstellen, dass in jeder Zeile und jeder Spalte jedes Regiment und jeder Dienstgrad vorkommt?

Euler wird vermutlich zunächst probiert haben – ohne Erfolg. Dann hat er das Problem verallgemeinert. Das ist eine gute Methode. Er fragte sich, ob man neun Offiziere von drei Dienstgraden aus drei Regimentern so in einem 3×3-Quadrat aufstellen kann, dass in jeder Zeile und jeder Spalte jedes Regiment und jeder Dienstgrad genau einmal auftaucht. Oder 16 Offiziere in einem 4×4-Quadrat. Euler fragte ganz allgemein: Kann man n^2 Offiziere, die alle Kombinationen aus n verschiedenen Dienstgraden und n unterschiedlichen Regimentern abdecken, so in einem n×n-Quadrat aufstellen, dass in jeder Zeile und in jeder Spalte jeder Dienstgrad und jedes Regiment vorkommt? Vorsichtiger fragte er: Für welche natürlichen Zahlen n ist das möglich?

Heute formulieren wir das in mathematischer Sprache so: Statt Regimenter und Dienstgrade schreiben wir die Zahlen 1, ..., n. Wir stellen uns die n^2 Zahlenpaare (1, 1), (1, 2), ..., (n, n) vor, wobei die erste Komponente den Dienstgrad, die zweite das Regiment darstellen soll. Das Paar (3, 5) bezeichnet also den Offizier mit Dienstgrad 3 aus Regiment 5.

Frage: Für welche natürlichen Zahlen n kann man diese Zahlenpaare so in einem n×n-Quadrat anordnen, dass in jeder Zeile und in jeder Spalte sowohl jede Zahl der ersten Komponente als auch jede Zahl der zweiten Komponente vorkommt?

Man kann ganz einfach sehen, dass im Fall n = 2 keine Lösung möglich ist. Zunächst trägt man in das 2×2-Quadrat die Dienstgrade ein; dafür gibt es im Wesentlichen nur eine Möglichkeit:

$$\begin{bmatrix} (1,\ ) & (2,\ ) \\ (2,\ ) & (1,\ ) \end{bmatrix}$$

Auch für die Regimenter in der ersten Zeile gibt es im Wesentlichen nur eine Möglichkeit:

$$\begin{bmatrix} (1,1) & (2,2) \\ (2,\ ) & (1,\ ) \end{bmatrix}$$

Damit kann man aber die zweite Zeile nicht vervollständigen: An der ersten Stelle kann weder das Regiment 1 stehen (sonst würde in der ersten Spalte das Regiment 2 nicht vorkommen) noch das Regiment 2 (denn dann käme die Kombination (2, 2) zweimal vor).

Für n = 3 und n = 5 gibt es aber Lösungen, die auch ohne große Schwierigkeiten zu finden sind:

$$\begin{bmatrix} (1,1) & (2,2) & (3,3) \\ (2,3) & (3,1) & (1,2) \\ (3,2) & (1,3) & (2,1) \end{bmatrix} \qquad \begin{bmatrix} (1,1) & (2,2) & (3,3) & (4,4) & (5,5) \\ (2,3) & (3,4) & (4,5) & (5,1) & (1,2) \\ (3,5) & (4,1) & (5,2) & (1,3) & (2,4) \\ (4,2) & (5,3) & (1,4) & (2,5) & (3,1) \\ (5,4) & (1,5) & (2,1) & (3,2) & (4,3) \end{bmatrix}$$

Allgemein lässt sich immer dann «einfach» eine Lösung finden, wenn n eine Primzahl ist. Wenn Sie es ausprobieren, werden Sie merken, dass dies auch für «große» Zahlen wie n = 7 oder n = 11 ziemlich einfach funktioniert.

Der erste etwas schwierigere Fall ist der Fall n = 4. Das ist genau das Experiment im Mathematikum. Dabei sind vier Formen (Dreieck, Quadrat, Kreis und Stern) mit den vier Farben Rot, Blau, Gelb und Grün kombiniert. Aus diesen Formen und Farben lassen sich sechzehn Kombinationen bilden: jede Form in jeder Farbe. In der Sprache der Offiziere wären die Formen die Regimenter und die Farben die Dienstgrade.

Diese sechzehn farbigen Figuren sollen nun so in ein Quadrat gelegt werden, dass in jeder Zeile und jeder Spalte sowohl jede Form als auch jede Farbe einmal auftaucht.

Das ist nicht ganz einfach, aber nach einiger Zeit erhält man schließlich die Lösung des Problems.

Die Eulersche Vermutung

Euler konnte beweisen, dass es für alle natürlichen Zahlen n ≥ 2 die geforderte Aufstellung von Offizieren gibt – außer für die Zahlen n = 2, 6, 10, 14, 18, …, also für alle Zahlen, die bei Division durch 4 den Rest 2 ergeben.

Wohlgemerkt: Euler hat nicht bewiesen, dass es für diese Zahlen *keine* Lösung gibt. Er hat schlicht keine Lösung gefunden. (Natürlich war ihm klar, das der Fall n = 2 nicht funktioniert.) Aber Euler machte aus der Not eine Tugend und stellte die Vermutung auf, dass es für die Zahlen 2, 6, 10, 14, 18, … keine Aufstellung der Offiziere geben kann.

Hier irrte Euler. Zwar wurde Eulers Vermutung etwa 120 Jahre später zunächst in einem wichtigen Fall bestätigt: Der französische Finanzbeamte und produktive Amateurmathematiker Gaston Tarry (1843–1913) zeigte 1901 mittels einer zwar mühevollen, aber vollständigen Auflistung aller möglichen Fälle, dass das Originalproblem der 36 Offiziere, also der Fall $n = 6$ keine Lösung hat.

Die Sensation kam dann Mitte des 20. Jahrhunderts. Die indischen Mathematiker Ray Chandra Bose (1901–1987) und S. S. Shrikhande (geb. 1917) sowie ihr amerikanischer Kollege E. T. Parker (1926–1991) konnten 1959 beweisen, dass die Eulersche Vermutung für alle Zahlen größer oder gleich 10 falsch ist. Positiv ausgedrückt: Es gibt eine Aufstellung der Offiziere auch für $n = 10, 14, 18, 22, \ldots$

Diese Erkenntnis wurde als so sensationell empfunden, dass die Nachricht darüber mit einem Foto der drei Entdecker am 26. April 1959 auf der Titelseite der New York Times erschien.

20
Magische Quadrate

Magische Quadrate stehen an der Schwelle von einer vorwissenschaftlichen «magischen» Anordnung von Zahlen und Symbolen zu einer rationalen Erfassung von Zahlen mit Hilfe von Rechenoperationen wie zum Beispiel der Addition.

Das erste magische Quadrat ist das chinesische Lo Shu, das einer Legende nach schon vor mehr als 4000 Jahren auf dem Rücken einer Schildkröte gefunden worden sein soll.

Mathematisch gesehen kommt es nur auf die Zahlen an, die durch die Symbole in den einzelnen Feldern dargestellt sind; das heißt, nüchtern betrachtet sieht das Lo Shu so aus:

4	9	2
3	5	7
8	1	6

Die Zahlen des Quadrats werden in jeder Zeile, jeder Spalte und jeder Diagonale zusammengezählt. Das «Magische» daran ist, dass dabei stets die gleiche Summe entsteht! Zum Beispiel ergeben sich in den Zeilen folgende Summen: $4+9+2=15$, $3+5+7=15$, $8+1+6=15$.

Bei einem *magischen Quadrat* geht es also darum, die Zahlen 1 bis 9 oder 1 bis 16 oder, im Allgemeinen, 1 bis n^2 so in ein quadratisches Schema zu schreiben, dass die Summe der Zahlen in jeder Zeile, in jeder Spalte und in jeder Diagonale die gleiche ist.

Die gesamte Geschichte der Mathematik hindurch haben magische Quadrate im Allgemeinen – besonders aber das Lo Shu, das kleinste magische Quadrat – die Menschen «magisch» angezogen.

Bei dem Experiment des Mathematikums sehen wir zunächst neun Teile in verschiedenen Formen. Bei genauerer Betrachtung erkennen wir, dass jedes Teil aus kleinen roten Quadraten zusammengesetzt ist, und zwar so, dass das kleinste Teil aus einem einzigen roten Quadrat besteht, das nächstgrößere aus zwei Quadraten, das drittgrößte aus drei Quadraten und so weiter bis zu einem Teil aus neun Quadraten. Diese roten Teile stellen also die Zahlen 1 bis 9 dar. Die Aufgabe besteht nun darin, die Teile so auf die neun schwarzen Felder zu legen (in jedes Feld ein Teil), dass in jeder Zeile und jeder Spalte insgesamt genau 15 kleine Quadrate liegen. Wenn man das schafft – was nicht ganz einfach ist –, dann erkennt man auch, dass man die Klötzchen jeder Zeile und jeder Spalte so zusammenlegen könnte, dass je-

weils ein 3×5-Rechteck komplett aus-
gefüllt ist. Man erhält also nicht nur
ein magisches 3×3-Quadrat (das Lo
Shu), sondern auch eines mit speziellen geometrischen Eigenschaften.

Das Experiment ist erstaunlich
schwierig. Hat man aber ein Teil platziert, so steht fest, welches gegenüber
liegen muss. So kommt man mit etwas Systematik dann doch rasch zum
Ziel.

Besondere Berühmtheit hat ein magisches 4×4-Quadrat erlangt, das in Albrecht Dürers äußerst rätselhaftem, ja
geheimnisvollem Kupferstich «Melen-
colia I» aus dem Jahre 1514 auftaucht.

Über dem Kopf eines Engels findet sich ein magisches Quadrat aus den
Zahlen 1 bis 16. Die magische Summe ist 34. Diese tritt bei Dürers magi-
schem Quadrat allerdings nicht nur in den Zeilen, Spalten und Diagonalen
auf, sondern auch als Summe der Zahlen in den 2×2-Quadraten in den vier
Ecken sowie jenem in der Mitte.

16	3	2	13
5	10	11	8
9	6	7	12
4	15	14	1

Von besonderer Raffinesse ist die Tatsache, dass unten in der Mitte die
Zahlen 15 und 14 stehen, die zusammen gelesen 1514 ergeben, das Entste-
hungsjahr des Kupferstichs. In den unteren Ecken sind zudem die Zahlen 4
und 1 zu finden, die Positionen der Buchstaben D und A im Alphabet, die
Initialen von Albrecht Dürer.

21
Lights on!

Dieses ausgesprochen spielerische Experiment bietet einen zwanglosen Zugang zur «höheren Mathematik». Man sieht sieben kreisförmig angeordnete Lampen und sieben ihnen zugeordnete Schalter zum Drücken. Drückt man auf einen Schalter, ändert sich der Zustand einiger Lampen; sie gehen an oder aus. Das Ziel ist es, alle Lampen zum Leuchten zu bringen.

Bei genauer Beobachtung erkennt man, dass jeder Schalter die Zustände von jeweils drei Lampen verändert: derjenigen Lampe, zu der der Schalter gehört, und der beiden Lampen rechts und links davon. Ist eine dieser Lampen aus, geht sie an, und umgekehrt. Sind zum Beispiel alle Lampen aus und man drückt einen beliebigen Schalter, dann gehen drei nebeneinanderliegende Lampen an.

Der Schwierigkeitsgrad der Lösung hängt von der Ausgangssituation ab. Manchmal ist es sehr einfach. Sind zum Beispiel vier aufeinanderfolgende Lampen an und die restlichen drei Lampen aus, dann genügt das einmalige Betätigen eines Schalters, um alle Lampen anzuschalten. Fast ebenso leicht ist es, wenn nur eine einzige Lampe angeschaltet ist. Dann muss man lediglich zwei Schalter drücken und alle Lampen leuchten.

Viele Besucher benutzen genau diese Strategie: Sie drücken so lange auf irgendwelche Schalter, bis nur noch eine Lampe leuchtet (ein Zustand, der sich relativ einfach erreichen lässt), um anschließend mit lediglich zwei Schaltern auch die restlichen Lampen zum Leuchten zu bringen.

Um aus einem beliebigen Zustand zu einer Lösung zu kommen, muss man jeden Schalter *höchstens einmal* drücken. (Denn bei zweimaligem Drücken wechselt jede der beeinflussten Lampen ihren Zustand auch zweimal. Eine leuchtende Lampe geht also aus und wieder an. Damit kehrt die Lampe in ihren Ursprungszustand zurück, so als wäre der Schalter überhaupt nicht gedrückt worden. Das gilt auch, wenn zwischendurch andere Schalter betätigt wurden.)

Also muss man maximal siebenmal drücken, bis alle Lampen leuchten. Das Maximum von sieben Schalterbetätigungen ist aber nur dann erforderlich, wenn zuvor alle Lampen aus waren. In diesem Fall muss man jeden einzelnen Schalter – in beliebiger Reihenfolge – genau einmal drücken.

Zum Weiterdenken

Man kann die Zustände der Lampen als Folgen von Bits darstellen. Jeder Zustand entspricht einer Folge $(b_1, b_2, b_3, b_4, b_5, b_6, b_7)$ von Bits, wobei $b_i = 1$ bedeutet, dass die Lampe Nr. i eingeschaltet ist, und $b_i = 0$ heißt, dass die Lampe mit der Nummer i aus ist. In der Informatik nennt man diese Folgen oft auch «Tupel».

Auch die Änderung, die ein Schalterdruck hervorruft, lässt sich als ein solches Tupel von Bits darstellen. Zum Beispiel entspricht die Betätigung des Schalters Nr. 2 dem Tupel $(1, 1, 1, 0, 0, 0, 0)$. Das ist so zu interpretieren, dass sich an allen Stellen, an denen eine 1 steht, der Zustand der Lampe ändert, wogegen er sich an den Stellen mit einer 0 nicht ändert.

Die Änderung eines Zustands lässt sich mathematisch so beschreiben, dass man das Schaltertupel zu dem Zustandstupel addiert. Wenn nur die Lampen 1 und 3 angeschaltet sind, ist das Zustandstupel gleich (1, 0, 1, 0, 0, 0, 0). Addiert man dazu das Schaltertupel, das zu dem Schalter 2 gehört, erhält man den Zustand

$$(1, 0, 1, 0, 0, 0, 0) + (1, 1, 1, 0, 0, 0, 0) = (0, 1, 0, 0, 0, 0, 0).$$

Dabei repräsentiert das erste Tupel den Zustand vorher und das dritte Tupel den Zustand nachher, während das zweite Tupel die Zustandsänderung durch das Drücken eines Schalters anzeigt. An dem zweiten Tupel kann man erkennen, ob sich der Zustand einer Lampe ändert (1) oder nicht (0). Man rechnet also

$$1 + 1 = 0, \ 1 + 0 = 1, \ 0 + 1 = 1, \ 0 + 0 = 0.$$

Aus den Schaltertupeln lassen sich alle möglichen Kombinationen der sieben Bits herstellen. Das kann man sogar beweisen. Zum Beispiel erhält man das Tupel (1, 1, 1, 1, 1, 1, 1), wenn man alle Schaltertupel addiert. Mit anderen Worten und wie schon erwähnt: Wenn alle Lampen aus sind, muss man jeden Schalter genau einmal drücken, bis alle Lampen an sind.

Die Idee für das Exponat «Lights on!» stammt von dem Spiel «Lights out!», das seit 1995 vertrieben wird. Es besteht aus einem 5×5-Gitter von Leuchten. Jede Leuchte ist auch ein Schalter; wenn man diesen drückt, ändert sich der Zustand dieser Leuchte und der vier benachbarten Leuchten. Ziel ist es dort, alle Leuchten zum Erlöschen zu bringen. In der hier beschriebenen Form wurde «Lights on!» zum ersten Mal 2002 im Mathematikum realisiert.

22
Der Pentomino-Kalender

Ein Pentomino ist eine zusammenhängende Figur, die aus fünf Quadraten besteht. Pentominos wurden im Jahre 1954 von dem amerikanischen Mathematiker Solomon W. Golomb (geb. 1932) «erfunden» und mathematisch untersucht.

Die erste Frage, die sich stellt, ist: Welche bzw. wie viele Pentominos gibt es? Diese Frage kann man systematisch beantworten:

Es gibt nur ein Pentomino mit einer Reihe von fünf aufeinanderfolgenden Quadraten:

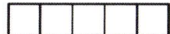

Dieses wird durch den Buchstaben I bezeichnet.

Es gibt genau zwei unterschiedliche Pentominos, die vier Quadrate in einer Reihe haben, das L und das Y:

Eine Fülle von Pentominos hat drei Quadrate in einer Reihe. Wir beginnen mit denen, die nur eine solche Dreierreihe haben; diese sind das U, P, F, Z und N:

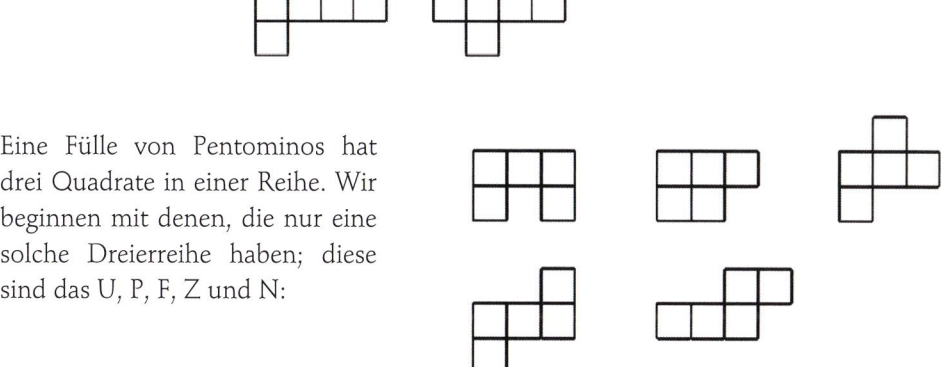

Drei weitere Pentominos haben zwei Dreierreihen, nämlich V, T, X:

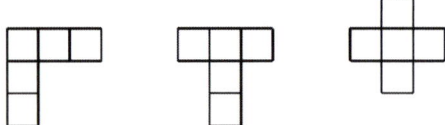

Schließlich existiert ein einziges Pentomino, das W, das keine Reihe der Länge 3, 4 oder 5 hat:

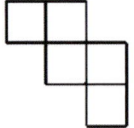 Die Bezeichnungen sind so gewählt, dass die Form des Buchstaben grob an die Form des Pentominos erinnert. Um die Ähnlichkeit zu erkennen, muss man allerdings das jeweilige Pentomino in geeigneter Weise drehen.

Was tun mit den Pentominos? Die Hauptaktivität besteht darin, aus ihnen vorgegebene Figuren zusammenzulegen. Eine erste Frage könnte sein: Jedes der zwölf Pentominos hat einen Flächeninhalt von fünf Einheiten; zusammen haben sie also einen Flächeninhalt von $12 \cdot 5 = 60$ Einheiten. Kann man aus ihnen ein 6×10-Rechteck zusammensetzen? Versuchen Sie es!

Der Pentomino-Kalender beruht auf einer Idee von Werner Metzner. Vorgegeben ist ein Feld mit 31 Feldern, auf denen die Zahlen 1 bis 31 stehen. Die Aufgabe besteht darin, sechs Pentominos so auf das Feld zu legen, dass sie sich nicht überlappen, und genau das Feld freilassen, welches das Datum des heutigen Tages trägt.

 Insgesamt werden nur sieben Pentominos benötigt, nämlich L, N, P, U, V, Y, Z. Und stets bleibt eines der sieben Pentominos übrig; mit den restlichen kann das Puzzle gelöst werden – für jeden Tag.

Kapitel 5
Die Macht des Zufalls

Viele Vorgänge laufen nicht systematisch ab. Vielmehr treten die verschiedenen Möglichkeiten in unvorhersehbarer Reihenfolge, ohne erkennbare Regel, wie zufällig auf.

Die mathematische Behandlung des Zufalls hat gezeigt, dass man sich nicht mit einer Aussage wie «Hier können wir nichts sagen» begnügen muss. Häufig werden die verschiedenen Möglichkeiten nämlich mit sehr unterschiedlichen Wahrscheinlichkeiten realisiert. Aus der Tatsache, dass es nur zwei Möglichkeiten gibt, folgt keineswegs, dass beide mit der gleichen Wahrscheinlichkeit auftreten.

Zum Beispiel kann man in einem Spiel gewinnen oder verlieren. Diese Aussage bedeutet aber noch lange nicht, dass man in 50 Prozent der Fälle gewinnt. Manchmal ist das ausgesprochen paradox: Es kann sein, dass einer der beiden Fälle extrem häufig auftritt, während der andere fast gar nicht vorkommt. So ist beispielsweise beim Lottospielen die Wahrscheinlichkeit, sechs Richtige zu tippen, äußerst gering.

23
Die Würfelschlange

Das Experiment mit der Würfelschlange zeigt die Gesetze des Zufalls in besonders eindrücklicher Weise. Für das Experiment brauchen wir viele Würfel. Ab etwa 40 Würfeln funktioniert es sehr gut, aber auf die genaue Zahl kommt es gar nicht an. Zunächst würfeln wir mit allen Würfeln und legen diese dann in einer Reihe aus. Die Reihe kann geradlinig sein oder sich wie eine Schlange winden; wichtig ist nur, dass ein Würfel nach dem anderen kommt.

Nun beginnt das eigentliche Experiment; dieses besteht aus zwei Durchgängen. Im ersten Durchgang schauen wir uns zunächst den ersten Würfel an (siehe Foto). Dieser zeigt zum Beispiel eine Zwei. Das bedeutet, dass wir genau zwei Würfel weitergehen sollen. Wir landen also auf dem dritten Würfel der Schlange. Von diesem lesen wir erneut die Augenzahl ab und gehen um genau so viele Würfel weiter; in unserem Fall sind das vier. So lautet die Regel: Man kommt auf einen Würfel und geht um genau so viele Würfel weiter, wie seine Augenzahl anzeigt. Das machen wir bis zum Ende der Schlange.

Nun wird es ziemlich sicher so sein, dass wir nicht automatisch auf dem letzten Würfel landen. Es könnte etwa sein, dass wir auf dem vorvorletzten Würfel enden. Wenn dieser eine Drei zeigt, müssten wir drei Würfel weiter zählen. Da nur noch zwei vorhanden sind, geht das nicht. Wir entfernen nun alle störenden Würfel, in unserem Beispiel die letzten beiden. Wir erzwingen also «mit Gewalt», dass die Prozedur auf dem letzten Würfel endet. Das ist, zugegeben, nicht spannend und hat auch nichts mit Mathematik zu tun. Aber wir befinden uns ja erst im ersten Durchgang.

Zu Beginn des zweiten Durchgangs nehmen wir den ersten Würfel, aber nur diesen, noch einmal zur Hand und würfeln damit. Dann legen wir ihn wieder an seinen Platz an den Beginn der Schlange. Der erste Würfel zeigt jetzt vielleicht eine Vier. Wir gehen um vier Würfel weiter und landen auf dem fünften. Von diesem lesen wir wieder die Augenzahl ab und so weiter. Die Regel ist die gleiche wie vorher: Wir landen auf einem Würfel, lesen seine Augenzahl ab und gehen um genau so viele Würfel weiter.

Auch das führen wir bis zum Ende der Schlange durch – und landen erstaunlicherweise auf dem letzten Würfel. «Das», denkt man verblüfft, «kann doch nur ein Zufall sein!»

Wir probieren andere Möglichkeiten aus: Egal, welche Augenzahl der erste Würfel zeigt, ob nun eine Eins, eine Sechs oder irgendeine andere: In jedem Fall landen wir auf dem letzten Würfel! Es handelt sich um ein unglaublich robustes Experiment: Selbst wenn wir uns unterwegs verzählen oder einen anderen Fehler machen, kommen wir mit hoher Wahrscheinlichkeit zum Ziel, das heißt, wir landen auf dem letzten Würfel!

Wie ist das zu erklären?

Wir betrachten noch einmal den ersten Durchgang. In diesem haben wir von gewissen Würfeln die Augenzahlen abgelesen. In unserem Beispiel waren das der erste, der dritte und so weiter. Diese Würfel denken wir uns markiert; wir könnten sie zum Beispiel ein wenig auf die Seite rücken.

Kommen wir im zweiten Durchgang dann zufällig auf einen der markierten Würfel, dann – geht es so weiter wie im ersten Durchgang. Das heißt, wir landen mit Sicherheit wieder auf dem letzten Würfel.

Wie wahrscheinlich ist es, irgendwann auf einem der markierten Würfel zu landen? Nun, da wir bei jedem Wurf eine Chance haben, wird es irgendwann dazu kommen! Man kann diese Wahrscheinlichkeit quantitativ abschätzen. Bei jedem Wurf im zweiten Durchgang beträgt die Wahrscheinlichkeit, *nicht* auf einen markierten Würfel zu treffen, höchstens 5/6. Die exakte Wahrscheinlichkeit lässt sich bei diesem Experiment nicht bestimmen; das liegt daran, dass überschaubar viele Pfade zum Ziel führen. In der Tat kann man bei irgendeinem Würfel der Schlange starten und hat stets eine gute Chance, auf dem letzten Würfel zu landen.

Dieses Experiment hat zwei wichtige Eigenschaften eines Zufallsexperiments: 1. Je mehr Würfel man nimmt, desto wahrscheinlicher wird es, dass es klappt. Denn je mehr Würfel man verwendet, desto mehr Versuche hat man im zweiten Durchgang. 2. Es gibt immer Ausnahmen. Stellen Sie sich zum Beispiel vor, dass jeder Würfel der Schlange eine Sechs zeigt!

Kruskals Trick

Unser Experiment ähnelt einem Kartentrick, der auf den amerikanischen Mathematiker und Physiker Martin D. Kruskal (1925–2006) zurückgeht. Dazu benötigt man ein Kartenspiel, aus dem alle Bildkarten (Bube, Dame, König) entfernt sind. Jede Karte hat also einen Wert zwischen 1 (= Ass) und 10.

Der Zauberer legt einem Freiwilligen ein gut gemischtes Spiel vor. Dieser soll Folgendes machen: Zunächst denkt er sich eine Zahl zwischen 1 und 10. Er nimmt dann zunächst genauso viele Karten vom Stapel. Die Karte, auf der er gelandet ist, gibt ihm die nächste Zahl vor; er geht also so viele Karten weiter, wie ihr Wert beträgt. Und so weiter. Mit einiger Sicherheit landet er auf einer Karte (zum Beispiel Herz-Ass), die der Zauberer vorhersagen kann.

Der Trick? Ganz einfach: Der Zauberer macht das Spiel vorher: Er denkt sich eine Zahl, zählt exakt so viele Karten ab und so weiter. Gegen Ende kommt er auf eine Karte, die er sodann zur «Zielkarte» erklärt. Wenn dann der Freiwillige den «zweiten Durchgang» macht, wird er mit hoher Wahrscheinlichkeit auf der Zielkarte landen.

24
Rote Würfel raus!

Viele Wachstumsvorgänge verlaufen so, dass die Grundmenge pro Zeiteinheit jeweils um den gleichen Anteil, also um gleich viele Prozent, wächst. Das ist beim Bakterienwachstum so, beim Anwachsen der Weltbevölkerung, aber auch bei der Geldvermehrung beziehungsweise beim Anwachsen von Schulden durch Verzinsung. Auch Prozesse, bei denen die Gesamtheit abnimmt, verlaufen oft nach diesem Prinzip; dazu gehören die Abnahme der Bevölkerung in gewissen Regionen oder der Zerfall radioaktiver Substanzen. Mit dem Experiment «Rote Würfel raus!» kann man erfahren, welche Effekte dabei auftreten.

Bei den 40 Würfeln, die man bei diesem Experiment benutzt, sind jeweils zwei Seiten rot und die restlichen vier Seiten blau gefärbt. Wenn wir mit allen Würfeln würfeln, erwarten wir, dass bei etwa einem Drittel der Würfel die Oberseite rot ist.

Wir beginnen, indem wir mit allen Würfeln würfeln. Die mit einer roten Oberseite legen wir in die erste Spalte des Spielbretts. Dann nehmen wir die blauen Würfel wieder in den Würfelbecher, schütteln und würfeln mit diesen erneut. Die Würfel, die nach dem zweiten Wurf eine rote Oberseite zeigen, legen wir nun in die zweite Spalte des Spielbretts. Dann nehmen wir die verbliebenen Würfel wieder auf, würfeln mit diesen und so weiter. Falls bei einem Wurf kein Würfel eine rote Oberseite zeigt, lassen wir die entsprechende Spalte des Spielbretts leer. Das Experiment wird so lange ausgeführt, bis keine blauen Würfel mehr vorhanden sind.

Wenn wir die «Säulen» der roten Würfel auf dem Spielbrett anschauen, erkennen wir, dass ihr Verlauf sich einer vorgezeichneten Kurve annähert. Natürlich kommt es immer wieder zu mehr oder weniger großen Abweichungen. Aber wenn das Spiel häufig durchgeführt wird, nähern sich die roten Säulen im Durchschnitt immer mehr der vorgezeichneten Kurve an.

Um welche Funktion handelt es sich? Betrachten wir zunächst die «blauen» Würfel, also die Würfel, die jeweils übrig bleiben. Nach dem ersten Wurf bleiben etwa 2/3 der Gesamtzahl, nach dem zweiten wieder ungefähr 2/3, also $2/3 \cdot 2/3$ der ursprünglichen Anzahl von Würfeln, übrig. Nach dem dritten Wurf sind davon wieder 2/3 blau, insgesamt also $(2/3)^3$ der ursprünglichen Zahl. Nach dem n-ten Wurf sind noch $(2/3)^n$ der ursprünglichen Anzahl der Würfel vorhanden.

Die roten Würfel bilden den Rest. Wir erwarten also, dass nach dem n-ten Wurf ein Anteil von etwa $1-(2/3)^n$ rote Würfel ausgesondert und in das Spielbrett eingeordnet wurden.

Wenn wir mit 40 Würfeln starten, enthält der n-te Wurf etwa $1/3 \cdot 40 \cdot (2/3)^{n-1} = 20 \cdot (2/3)^n$ rote Würfel. Die Funktion, die die Höhe der Säulen aus den roten Würfeln beschreibt, ist also die Funktion $f(x) = 20 \cdot (2/3)^x$. Das ist eine Exponentialfunktion.

Bei dieser Exponentialfunktion ist die Basis die Zahl 2/3, also eine Zahl kleiner als 1. Solche Exponentialfunktionen klingen stark ab. Das heißt, sie nähern sich sehr rasch der Zahl 0 (ohne sie aber jemals zu erreichen).

Dieses starke Abklingen wird oft mit dem Begriff der «Halbwertszeit» in Verbindung gebracht. Damit wird unter anderem der Zerfall von radioaktivem Material beschrieben. Das bedeutet, dass die Zeit, bis zu der die Funktion auf den halben Wert absinkt, unabhängig vom Ausgangswert ist. Das heißt: Vom Ausgangswert bis zur Hälfte dauert es genauso lange wie von der Hälfte bis zu einem Viertel.

In unserem Beispiel würde die Gesamtheit der Würfel dem Ausgangswert entsprechen. Pro Zeiteinheit (in unserem Fall: pro Wurf) würde ein Drittel der Objekte «zerfallen»; dies sind die roten Würfel. Bei der Frage, wie viele Objekte nach einer gewissen Zeit noch nicht «zerfallen» sind, geht es also um die übrig bleibenden 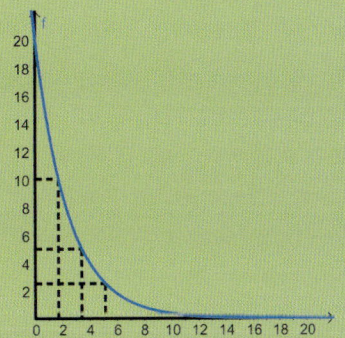 blauen Würfel, mit denen dann wieder gewürfelt wird. Deren Abnahme wird durch die Exponentialfunktion $f(x) = 40 \cdot (2/3)^x$ beschrieben. Die Halbwertszeit dieser Funktion ist ungefähr 1,7. Das heißt, nach durchschnittlich 1,7 Würfen hat sich die Zahl der Würfel, die noch im Spiel sind, halbiert. Nach durchschnittlich 1,7 Würfen müssten also noch 20 Würfel vorhanden sein, nach 3,4 Würfen noch 10, nach 5,1 Würfen noch 5 Würfel und so weiter.

Wir können uns die Dynamik von *exponentiellem Wachstum* mit einem ähnlichen Experiment klarmachen. Dazu brauchen wir viele Würfel. Wir nehmen zunächst nur einen Würfel und würfeln mit diesem so lange, bis wir eine Sechs haben. Dann dürfen wir uns einen zweiten Würfel dazuholen und würfeln jetzt mit zwei Würfeln. Für jede Sechs, die wir würfeln, nehmen wir einen weiteren Würfel hinzu. Wenn wir also irgendwann mit zehn Würfeln würfeln und dabei vier Sechsen fallen, nehmen wir vier weitere Würfel dazu und würfeln im nächsten Wurf mit 14 Würfeln.

Wenn man die Würfe zählt, wird man feststellen, dass es zu Beginn nur sehr langsam vorangeht, dass aber das Ende mit einer ungeheuren Dynamik eintritt. In der Tat hat man bei jedem Wurf einen durchschnittlichen Zuwachs von 16,7 Prozent. Die entsprechende Funktion ist also $y = (1{,}167)^x$.

25
Das Galtonbrett

Sir Francis Galton (1822–1911) war ein britischer Naturforscher, der sich auf vielen Gebieten einen Namen machte. Er war ein Cousin von Charles Darwin (1809–1882), unternahm verschiedene Forschungsreisen und veröffentlichte bedeutende Arbeiten auf den Gebieten der Meteorologie, Psychologie, Daktyloskopie (Lehre von den Fingerabdrücken), zur Intelligenz der Masse und zur Statistik. Das heute so genannte Galtonbrett diente ihm einerseits zur Klärung wichtiger Begriffe in der Forschung, andererseits setzte er es auch sofort nach Fertigstellung in der Lehre ein, zum ersten Mal am 17. Februar 1874 bei einer Vorlesung in der Royal Society.

Das Experiment

Das Galtonbrett übt eine unwiderstehliche Anziehungskraft aus. Man ist versucht, unablässig oben eine kleine Kugel nach der anderen einzuwerfen und zu beobachten, wie diese nach unten rattern und schließlich in einem der Fächer landen.

Wenn man den Lauf einer Kugel genauer betrachtet, sieht man Folgendes: Die Kugel will eigentlich senkrecht nach unten fallen, sie trifft aber auf ein Hindernis und wird ein bisschen abgelenkt, und zwar mit gleicher Wahrscheinlichkeit nach rechts und links. Anschließend fällt die Kugel wieder senkrecht nach unten, bis sie wieder auf ein Hindernis trifft. Wieder wird die Kugel mit einer Wahrscheinlichkeit von 50 Prozent nach rechts oder links abgelenkt. Und so weiter. Insgesamt muss die Kugel zehn Ebenen von Hindernissen überwinden.

Die einzelnen Ablenkungen können sich zu einer großen Ablenkung summieren, sie können sich aber auch gegenseitig aufheben. Diese «aufsummierten Ablenkungen» erkennt man an den Anzahlen der Kugeln in den Fächern. Man sieht unmittelbar, dass große Ablenkungen selten sind.

Mathematischer Hintergrund

Man kann dieses Phänomen auch zahlenmäßig erfassen. Es gibt nur eine einzige Möglichkeit für eine Kugel, in das Fach ganz links zu fallen: Die Ablenkung muss an jeder der zehn Stellen nach links erfolgen. Mit anderen

Worten: Es gibt nur einen einzigen Weg, der nach ganz links führt. Schon viel mehr Wege führen in das zweite Fach von links: Die Kugel muss auf genau einer Ebene nach rechts ausgelenkt werden. Das kann auf jeder der zehn Ebenen passieren; also gibt es zehn Wege, die in das zweite Fach von links führen.

Auf wie vielen Wegen kann eine Kugel nach unten laufen? Da sie sich auf jeder Ebene zwischen zwei Möglichkeiten entscheiden muss, gibt es insgesamt $2 \cdot 2 \cdot \ldots \cdot 2 = 2^{10} = 1024$ Möglichkeiten, also auch genauso viele Wege.

Das bedeutet: Nur eine von 1024 Möglichkeiten, also weniger als ein Promille aller Fälle, führt ganz nach links, und nur etwa 1 Prozent der Kugeln werden in dem zweiten Fach von links landen. Die allermeisten Wege führen in die Mitte. In das mittlere Fach führen 252 Wege, also fällt fast ein Viertel aller Kugeln in das mittlere Fach, und in den beiden Nachbarfächern enden immerhin noch jeweils 210 Wege.

Diese Anzahlen sind die sogenannten Binomialzahlen. Das Fach ganz links wird in $\binom{10}{0}$ (sprich: «10 über 0») von 1024 Fällen erreicht (auf den 10 Ebenen biegt die Kugel 0-mal nach rechts ab). Im nächsten Fach landen $\binom{10}{1} = 10$ Kugeln (auf genau einer der 10 Ebenen nach rechts abgebogen), und so weiter. Das Fach ganz rechts wird in $\binom{10}{10} = 1$ Fällen erreicht (auf 10 Ebenen zehnmal nach rechts abgebogen).

Die Verteilung, die so entsteht, nennt man die «Binomialverteilung». Diese ist eine gute Annäherung an die «Normalverteilung», die von Carl Friedrich Gauß 1809 erstmals systematisch eingeführt wurde.

26
Zwei an einer Linie

Ein verblüffendes Phänomen bei zufälligen Ereignissen ist das erstaunlich frühe Auftreten von «Kollisionen»: Beim Würfeln passiert es sehr schnell, dass eine Zahl fällt, die schon einmal gewürfelt wurde. Wenn es zu regnen beginnt, beobachtet man bald, dass ein Pflasterstein bereits von zwei Regentropfen getroffen wurde, während viele andere Steine noch komplett trocken sind. Und schon bei wenigen Menschen ist es wahrscheinlich, dass zwei am gleichen Tag Geburtstag haben.

Dieses Phänomen wird durch das Experiment «Zwei an einer Linie» verdeutlicht. Schon von ferne hört man das Klicken dieses Experiments. Das Geräusch kommt von den Rädern mit den bunten Figuren. Man stößt die

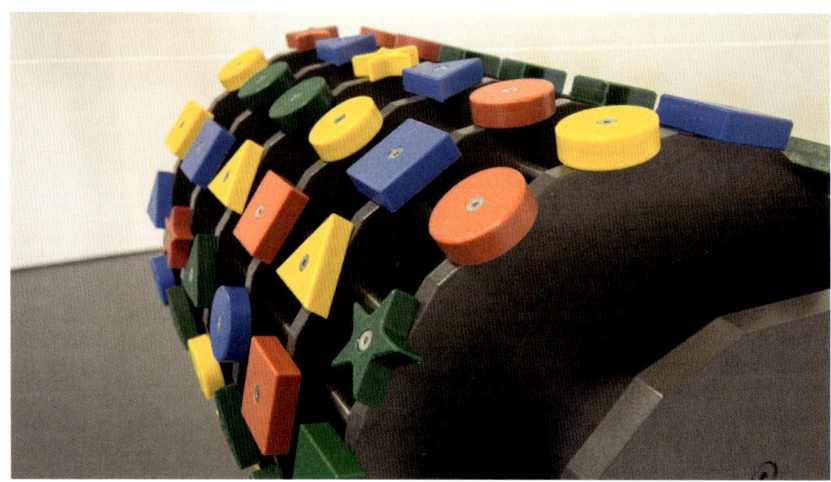

Räder an, sie drehen sich und machen dabei das Klack-Geräusch, bis sie irgendwann zum Stillstand kommen. Obwohl jedes einzelne Rad zufällig in einer Position zur Ruhe kommt, ist es häufig so, dass zwei gleiche Figuren (mit gleicher Form und gleicher Farbe) in einer Reihe liegen. Dies ist umso erstaunlicher, als es überhaupt keine Kunst ist, die Räder so zu positionieren, dass in keiner Reihe zwei gleiche Symbole vorkommen.

Zum Weiterdenken

Man kann berechnen, wie wahrscheinlich es ist, dass zwei gleiche Figuren in einer Reihe sind. Dazu bestimmt man die Wahrscheinlichkeit für das «Gegenereignis», also die Wahrscheinlichkeit dafür, dass alle Figuren in einer Reihe verschieden sind. Daraus lässt sich dann leicht die gesuchte Wahrscheinlichkeit ermitteln.

Zunächst bestimmen wir die Anzahl aller Möglichkeiten. Es gibt sechs Räder, die jeweils 16 Figuren tragen. Also hat jedes Rad 16 Möglichkeiten, eine Figur in einer bestimmten Reihe zu zeigen. Daher ist die Gesamtzahl der Möglichkeiten $16 \cdot 16 \cdot 16 \cdot 16 \cdot 16 \cdot 16 = 16\,777\,216$. Bei wie vielen dieser gut 16,7 Millionen Möglichkeiten sind nun alle Figuren in einer bestimmten Reihe verschieden? Um das herauszubekommen, gehen wir die Räder von links nach rechts durch. Das erste Rad hat noch alle Freiheiten und kann 16 Positionen einnehmen. Beim zweiten Rad ist eine Möglichkeit ausgeschlossen, dieses Rad darf nicht die Figur zeigen, die das erste Rad zeigt. Also hat das zweite Rad nur noch 15 Möglichkeiten. Für das dritte Rad bleiben nur 14 Möglichkeiten, da die beiden Figuren der ersten beiden Räder ausgeschlossen sind. Entsprechend gibt es für das vierte Rad noch 13, für das fünfte 12 und für das sechste nur noch 11 Möglichkeiten. Das sind insgesamt also $16 \cdot 15 \cdot 14 \cdot 13 \cdot 12 \cdot 11 = 5\,765\,760$ Möglichkeiten. Diese Anzahl ist viel kleiner als die Gesamtanzahl, nämlich statt 16,7 nur 5,7 Millionen. Man erhält nun die Wahrscheinlichkeit dafür, dass an der Stange keine zwei gleichen Figuren sind, indem man die 5,7 Millionen durch die 16,7 Millionen dividiert:

5 765 760 : 16 777 216; das ergibt etwa 0,343, das heißt gut 34 Prozent. In allen anderen Fällen, also in mehr als 65 Prozent aller Fälle, sind zwei gleiche Figuren an der Stange.

Berühmt ist das sogenannte Geburtstagsparadox. Dieses kam in den Zwanzigerjahren des 20. Jahrhunderts auf; vielfach wird behauptet, der österreichische Mathematiker Richard von Mises (1883–1953) habe dieses Problem erfunden. Es geht so: Wir stellen uns einen Raum mit einer gewissen Anzahl von Menschen vor. Die Mathematiker fragen sich: Wie groß muss diese Anzahl sein, damit wir darauf wetten würden, dass zwei dieser Menschen am gleichen Tag Geburtstag haben? Man spricht vom Geburtstags*paradox*, weil die Antwort extrem verblüffend ist: Bereits ab 23 Personen ist die Wahrscheinlichkeit größer als 50 Prozent, dass zwei Personen am gleichen Tag Geburtstag haben. Diese Wahrscheinlichkeit für zwei gleiche Geburtstage steigt dramatisch an: Bei 30 Personen liegt die Wahrscheinlichkeit bereits über 70 Prozent, bei 50 Personen liegt sie bei 97 Prozent und bei 80 Personen bei unglaublichen 99,99 Prozent.

Das widerspricht zwar unserer Intuition, aber man kann sich den Sachverhalt klarmachen, indem wir uns eine Variante des Experiments im Mathematikum vorstellen. Wir stellen uns 23 Räder vor (die die 23 Menschen repräsentieren): Jedes Rad trägt 365 Symbole, für jeden Tag des Jahres eines. Dann kann man wie oben ausrechnen, dass die Wahrscheinlichkeit, dass zwei gleiche Symbole an der Stange sind (das heißt, dass zwei Menschen am gleichen Tag Geburtstag haben), etwas über 50 Prozent liegt.

Warum ist dieses Ergebnis so verblüffend? Warum nennt man das ein «Paradox»? Das liegt daran, dass wir zwei Probleme verwechseln. Es geht nämlich weder darum, ob zwei Menschen an einem bestimmten Tag, etwa am 23. Januar, Geburtstag haben, noch darum, ob irgendjemand an demselben Tag wie ich Geburtstag hat, sondern nur darum, ob an irgendeinem der 365 Tage des Jahres zwei Menschen gleichzeitig Geburtstag haben.

27
Der Zweite ist immer der Erste

Im täglichen Leben ist es bekanntlich so: Wenn A größer als B und B größer als C ist, dann ist auch A größer als C. Man nennt diese Eigenschaft der Relation «größer als» ihre *Transitivität*. Bei Relationen wie «größer als» oder «verdient mehr» ist dies klar; Transitivität scheint uns das Natürlichste der Welt zu sein. Bei anderen Relationen wie «ist stärker als» gilt diese «Transitivitätsregel» nur noch eingeschränkt. Das macht unter anderem den Sport so spannend: Wenn die Mannschaft A ihren Konkurrenten B geschlagen hat und wenn B die Mannschaft C besiegt hat, dann erwarten wir zwar, dass A gegen C gewinnt, aber häufig geht es auch anders aus.

Doch eine so radikale Verletzung der Transitivität wie bei dem Experiment «Der Zweite ist immer der Erste» erleben wir auch im Sport nicht. Hier ist es nämlich so: Wenn A meist gegen B gewinnt und B im Durchschnitt gegen C gewinnt, dann *verliert* A normalerweise gegen C.

Dieses Spiel wurde von dem amerikanischen Statistiker Bradley Efron (geb. 1938) erfunden; deshalb spricht man manchmal auch von «Efronschen Würfeln». Die Grundlage des Spiels sind vier Würfel, die zwar, wie es sich für Würfel gehört, sechs Seiten haben, aber keineswegs die Zahlen 1 bis 6 tragen.

- Beim blauen Würfel trägt die Hälfte der Seiten die Zahl 1, die andere Hälfte die Zahl 5 (kurz: 1 1 1 5 5 5).
- Der gelbe Würfel zeigt zweimal die 0 und viermal die 4 (das heißt 0 0 4 4 4 4).
- Der grüne Würfel zeigt auf jeder Seite die Zahl 3 (also 3 3 3 3 3 3).
- Schließlich zeigt der rote Würfel viermal die 2 und zweimal die 6 (somit 2 2 2 2 6 6).

Die Spielregeln sind leicht zu erklären: Jeder der beiden Spieler spielt mit einem Würfel. In jeder Runde würfelt jeder Spieler einmal; es gewinnt derjenige, der die größere Augenzahl gewürfelt hat. Insgesamt gewinnt der Spieler, der die meisten Runden gewonnen hat.

Das Erstaunliche ist nun Folgendes: Wenn ein Spieler einen Würfel gewählt hat, kann der andere immer einen der verbliebenen Würfel so wählen, dass er gegen den ersten gewinnt. Genauer gesagt ist es so:
- Blau gewinnt gegen Gelb.
- Gelb gewinnt gegen Grün.
- Grün gewinnt gegen Rot.
- Rot gewinnt gegen Blau.

Also ist dieses Spiel überhaupt nicht transitiv. Nicht nur manchmal nicht, sondern praktisch nie!

Zum Weiterdenken

Wie kann man sich davon überzeugen? Ganz einfach, indem man sich anschaut, in welchen Fällen zum Beispiel *Blau gegen Gelb* gewinnt:

In der Hälfte der möglichen Würfe zeigt der blaue Würfel eine 5 und gewinnt dann in jedem Fall. In der anderen Hälfte gewinnt Blau nur manchmal. Also ist die Wahrscheinlichkeit, dass Blau gewinnt, bestimmt größer als 50 Prozent. (Denn in der Hälfte der Fälle gewinnt Blau, und in der anderen Hälfte auch noch ab und zu.)

Genauer gesagt ist es so: Würfelt Blau eine 1, gewinnt Blau, wenn

Gelb eine 0 würfelt; das gilt für ein Drittel und insgesamt gesehen für ein Sechstel der möglichen Würfe. Somit gewinnt Blau gegen Gelb mit der Wahrscheinlichkeit $1/2 + 1/6 = 4/6 = 2/3$.

Gelb gegen Grün: Der gelbe Würfel gewinnt immer dann, wenn er eine 4 würfelt. Das ist in $4/6 = 2/3$ der Fälle so. Also gewinnt auch Gelb gegen Grün mit der Wahrscheinlichkeit $2/3$.

Grün gegen Rot: Grün gewinnt immer, wenn Rot eine 2 würfelt. Dies ist in $4/6$ der möglichen Würfe so. Also gewinnt Grün gegen Rot mit der Wahrscheinlichkeit $2/3$.

Rot gegen Blau: Rot gewinnt sicher, wenn der Würfel eine 6 zeigt. Dies trifft auf $1/3$ der möglichen Würfe zu. Bei den restlichen $2/3$ der Würfe gewinnt Rot in der Hälfte und insgesamt gesehen in $2/3 \cdot 1/2 = 1/3$ der Fälle. Insgesamt gewinnt Rot gegen Blau mit der Wahrscheinlichkeit $1/3 + 1/3 = 2/3$.

Wir alle kennen ein weiteres intransitives Spiel, nämlich «Schere, Stein, Papier». Bei diesem jahrhundertealten Spiel schlägt Papier den Stein, der Stein die Schere, aber keineswegs das Papier die Schere, sondern genau umgekehrt. Das macht «Schere, Stein, Papier» so geeignet für «objektive» Entscheidungen, denn alle drei Möglichkeiten sind vollständig gleichberechtigt.

28
Smarties

In vielen Situationen ist es praktisch unmöglich, die exakte Anzahl gewisser Objekte zu bestimmen. Oft reicht es, ihre ungefähre Anzahl, also die «Größenordnung», zu ermitteln. Dazu dient das Instrument der «Stichprobe».

Wenn wir dieses Bild sehen, ist das Erstaunen groß: so viele Smarties! Und wir stellen uns automatisch die Frage: Wie viele Smarties sind das denn?

Kaum ein Mensch wird die Geduld aufbringen, diese vielen Smarties zu zählen, obwohl man, wenn man es ganz genau wissen möchte, keine andere Wahl hat.

Wenn man aber nur wissen möchte, wie groß die Anzahl der Smarties ungefähr ist, dann reicht es, eine Stichprobe zu nehmen. Das geht in diesem Fall einfach. Da die Smarties offenbar recht gleichmäßig verteilt sind, ist jede Stichprobe repräsentativ. Man nimmt also einen Rahmen, hält diesen irgendwo auf das große Bild, zählt die Smarties innerhalb des Rahmens – und rechnet hoch.

Die Hochrechnung ist in unserem Fall besonders einfach. Denn die Rahmen sind so gemacht, dass die Gesamtfläche des Bildes genau 1000-mal so groß ist wie die Fläche innerhalb eines Rahmens. Hat man also beispielsweise 19 Smarties innerhalb des Rahmens gezählt, so würde man schätzen, dass das Bild insgesamt etwa 19 Tausend Smarties zeigt.

Wenn wir den Rahmen an verschiedene Stellen halten, ermitteln wir eventuell unterschiedliche Anzahlen von Smarties. Insgesamt kommen wir aber durch mehrere Stichproben zu einer genaueren Schätzung.

Dieses statistische Verfahren wird in vielen Situationen angewandt. So werden in der Medizin Blutbilder oft nach dem «Smarties-Prinzip» ausgewertet. Dabei wird der Objektträger unter dem Mikroskop in sogenannte Gesichtsfelder untergliedert und es werden die jeweils «interessanten» Blutkörperchen gezählt. Zum Beispiel kann man auf diese Weise Malaria diagnostizieren: Man zählt unter dem Mikroskop die befallenen roten Blutkörperchen. Die ermittelte Parasitenzahl und die Anzahl an Entzündungszellen (weißen Blutkörperchen) sind ein Maß für die Schwere der Erkrankung.

29
Das Chaospendel

Ein einzelnes Pendel ist ein Muster an Regelmäßigkeit. Das von Galileo Galilei (1564–1641) entdeckte Pendelgesetz beschreibt nicht nur die Schwingungen eines Pendels ganz exakt und sagt diese hundertprozentig voraus, sondern besticht vor allem durch seine Einfachheit. Das Schwingungsverhalten eines Pendels ist so durchsichtig, dass wir mit unserer menschlichen Erfahrung die Bewegung eines Pendels sehr gut voraussehen können.

Das «Chaospendel», das 1970 von dem Physiker Nicholas Rott (1917–2006) erfunden wurde, unterscheidet sich nur wenig von einem einfachen Pendel; es ist ein «Pendel am Pendel». Aber es verhält sich vollkommen anders.

Man dreht an dem Knopf in der Mitte und bringt damit das Doppelpendel in Schwung. Und dann beginnt sich das Pendel zu bewegen, hin und her zu schwingen, sich zu beschleunigen und wieder zu verlangsamen, mal kommt es fast zum Stillstand, um dann wieder «wie aus dem Nichts» in schnelle Wirbel überzugehen – in jedem Fall ein faszinierendes Schauspiel.

Dieses Pendel tanzt aus der Reihe. Es hält sich an keine Vorschriften, dreht sich, wann es will und wie es will, und ignoriert unsere Vorhersagen souverän. Irgendwie gefällt uns Menschen das. Es ist ein sehr attraktives Exponat, an dem niemand vorübergehen kann. Ein Phänomen, das man umgangssprachlich ohne zu zögern als «chaotisch» bezeichnen würde.

Diese chaotische Bewegung kann man auch fühlen. Wenn man den Knopf in der Mitte vorsichtig anfasst, dann spürt man die abrupten, zuckenden und unvorhersehbaren Bewegungen des Pendels sehr deutlich.

Auch die Mathematiker nennen die Bewegung des Doppelpendels chaotisch, sie meinen aber damit etwas ganz Bestimmtes, vom umgangssprachlichen Gebrauch durchaus Abweichendes. Es ist nämlich keineswegs so, dass die Bewegung zufällig wäre, nein, sie ist vollkommen deterministisch: Der jetzige Zustand bestimmt alle zukünftigen Zustände. Es ist auch nicht so, dass man die Bewegung nicht berechnen könnte; das kann man prinzipiell durchaus. Es ist allerdings so, dass kleinste Unterschiede in der Ausgangslage dramatische Unterschiede im weiteren Bewegungsablauf bewirken. Ein solches Verhalten widerspricht vielen Alltagserfahrungen. Üblicherweise ist es so, dass kleine Veränderungen am Anfang auch nur kleine Veränderungen am Ende (wenn überhaupt) zur Folge haben. Ob ich morgens die Zähne vor dem Duschen putze oder umgekehrt, ob ich meinen Kaffee zweimal oder dreimal umrühre, ob ich mit meinen Mathe-Hausaufgaben fünf Minuten später anfange als üblich, das alles hat auf den weiteren Verlauf meines Tages nur marginalen Einfluss.

Wenn das Gegenteil der Fall ist, sprechen Mathematiker von einem chaotischen Ablauf, präziser nennen sie es «deterministisches Chaos»: Winzige Änderungen an einer Stelle können unvorstellbare Abweichungen im weiteren Verlauf bewirken. Der französische Mathematiker Henri Poincaré (1854–1912) beschrieb das schon im Jahre 1908: «Es kann vorkommen, dass kleine Unterschiede in den Anfangsbedingungen große im Ergebnis zur Folge haben.» Er formuliert dann – aus heutiger Sicht – ein bisschen zu großzügig weiter: «Vorhersage wird unmöglich, und wir haben ein zufälliges Phänomen.» Heute sagen wir vorsichtiger: Eine Vorhersage ist praktisch unmöglich, und das Phänomen wirkt so, als sei es zufällig.

Eine berühmte Metapher, die mit der Chaostheorie untrennbar verbunden ist, ist der sogenannte Schmetterlingseffekt: «Kann der Flügelschlag eines Schmetterlings in Brasilien einen Tornado in Texas bewirken?» war der plakative Titel eines Vortrags, den der amerikanische Mathematiker Edward N. Lorenz (1917–2008), einer der Väter der Chaostheorie, im Jahre 1972 hielt. Seitdem ist der «Schmetterlingseffekt» ein geflügeltes Wort.

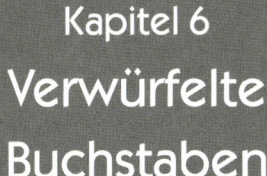

Kapitel 6

Verwürfelte Buchstaben

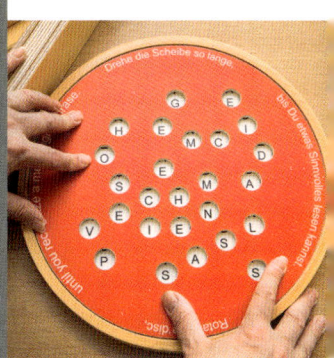

Das Verschlüsseln mehr oder weniger geheimer Nachrichten hat seit jeher Profis und Dilettanten dazu stimuliert, neue Verfahren zu entwickeln beziehungsweise die jeweils gebräuchlichen Codes zu knacken.

Die Kryptographie, die Wissenschaft vom Verschlüsseln, nahm ihren Anfang bereits in der Antike mit der spartanischen Skytala und dem Cäsar-Code. Bis zum 19. Jahrhundert wurde mit Hilfe von Papier und Bleistift verschlüsselt. Die erste Hälfte des 20. Jahrhunderts war von mechanischen Chiffriergeräten geprägt, darunter der legendären ENIGMA. Die Nutzung von Computern hat der Kryptographie völlig neue Möglichkeiten eröffnet.

30
Knack den Code!

In der Kryptographie (griech. für «Geheimschrift») versucht man, Nachrichten geheim zu übermitteln. Genauer gesagt wollen zwei Menschen so miteinander kommunizieren, dass zwar das, was übermittelt wird, von jedermann gelesen werden kann, aber keiner daraus schlau wird. Die Kunst besteht also darin, so zu verschlüsseln, dass niemand außer dem Empfänger die Nachricht verstehen kann.

Die Geschichte der Kryptographie ist ein permanenter Kampf zwischen denen, die möglichst sichere Geheimcodes entwickeln, und denen, die eben diese Codes knacken wollen. Dieses Experiment zeigt, dass sich auch vermeintlich komplizierte Geheimcodes mit ein bisschen Grips knacken lassen.

Jedes klassische Verschlüsselungsverfahren funktioniert so, dass zum Verschlüsseln und zum Entschlüsseln ein «Schlüssel» benötigt wird; dieser ist eine Geheiminformation, die nur Sender und Empfänger kennen und mit der sie sich gegen den «Rest der Welt» schützen. Ein Angreifer kennt den Schlüssel nicht; sein Ziel ist es, dennoch den «Klartext» herauszubekommen. Wenn ihm das gelingt, ist das Verfahren nicht länger geeignet zur Verschlüsselung.

Eines der ältesten Verschlüsselungsverfahren ist eine Erfindung, die dem römischen Feldherrn und Politiker Gaius Julius Cäsar (100–44 v. Chr.) zugeschrieben wird. Zur Vorbereitung schreibt man das Alphabet in eine Zeile und darunter nochmals das Alphabet, aber um einige Stellen versetzt. Im folgenden Beispiel wird das «Geheimtextalphabet» um 5 Stellen verschoben. Dann ist die Zahl 5 der Schlüssel.

Klartextalphabet   A B C D E F G H I J K L M N O P Q R S T U V W X Y Z
Geheimtextalphabet W X Y Z A B C D E F G H I J K L M N O P Q R S T U V

Man verschlüsselt einen Text mit dem Cäsar-Code, indem man Buchstabe für Buchstabe vorgeht. Man sucht einen Klartextbuchstaben im oberen Alphabet und ersetzt diesen durch den darunterstehenden Buchstaben. In unserem Beispiel wird aus MATHEMATIKUM die Buchstabenfolge IWPDAIWPEGQI.

Oft stellt man den Cäsar-Code durch zwei Scheiben dar, die miteinander verbunden sind. Die äußere Scheibe enthält das Klartextalphabet und die innere das Geheimtextalphabet. Die Scheiben sind drehbar; jede Einstellung der Scheiben stellt eine Cäsar-Verschlüsselung dar. Der Schlüssel ist die Lage der Scheiben zueinander; diese lässt sich etwa durch den Geheimtextbuchstaben, der dem Klartext-A entspricht, darstellen. In unserem Beispiel ist das der Buchstabe P.

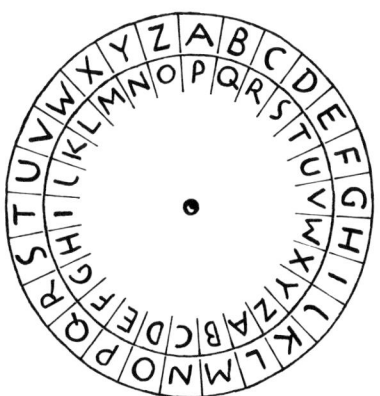

Das Verfahren von Cäsar ist leicht zu knacken, etwa indem man alle möglichen Schlüssel ausprobiert. Da es nur 25 mögliche Verschiebungen des Alphabets gibt, ist das eine Sache von wenigen Minuten.

Die Anzahl der Schlüssel vergrößert sich dramatisch, wenn man als Geheimtextalphabet eine beliebige Permutation der Buchstaben wählt. Das Geheimtextalphabet besteht dann aus irgendeiner «wilden» Anordnung der Buchstaben, beispielsweise der folgenden:

Klartextalphabet   A B C D E F G H I J K L M N O P Q R S T U V W X Y Z
Geheimtextalphabet S W Y R E M O C A H Z G F B U I D J N K T X V L P Q

Es gibt ungefähr 10 hoch 26 solcher Geheimtextalphabete. Das entspricht etwa der Anzahl der Nanosekunden, die seit dem Urknall vergangen sind (4 mal 10^{27}).

Es ist also vollkommen ausgeschlossen, die Schlüssel der Reihe nach auszu-
probieren. Aber mit ein paar Überlegungen – also mit menschlicher Intelligenz! – lässt sich der Code innerhalb weniger Minuten knacken.

Man könnte zum Beispiel den häufigsten Buchstaben im Geheimtext
suchen. Dieser muss dem häufigsten Buchstaben der deutschen Sprache
entsprechen, also dem E. (Diese Methode funktioniert nur bei längeren
Texten gut.)

Man kann auch versuchen, Buchstaben in den vielen dreibuchstabigen
Wörtern zu erraten. Hat man erst einmal ein paar Buchstaben, dann lassen
sich weitere einfach erschließen.

Das Experiment «Knack den Code!» unterstützt uns dabei. Hat man einen
Buchstaben richtig gewählt, wird dieser automatisch an allen Stellen ersetzt. So kommt man nach wenigen Minuten zum Erfolg!

In heutigen Anwendungen werden viel kompliziertere Verschlüsselungs-
codes benutzt. Manche von ihnen verwenden als einen Baustein so etwas
wie Cäsar-Scheiben, allerdings mit riesigen «Scheiben»; diese sind so groß,
dass man sie real gar nicht herstellen könnte; sie existieren nur als Computerprogramm. Unter diesen Codes gibt es sogar einige, die unknackbar
sind!

31
Geheimcodes mit Schablonen

Eines der berühmtesten Verschlüsselungsverfahren stammt von dem österreichischen Oberst Eduard Fleißner von Wostrowitz (1825–1885). Er beschrieb es in seinem 1881 in Wien erschienenen «Handbuch der Kryptographie» unter der Bezeichnung «Neue Patronen Geheimschrift». Große Bekanntheit erlangte diese Methode durch die Veröffentlichung in Jules Vernes Roman «Mathias Sandorf» (1885).

Da das wesentliche Hilfsmittel dieses Verfahrens eine Schablone ist, ist es vor allem unter dem Namen «Fleißner-Schablone» bekannt.

Eine typische Version dieses Verfahrens ist die folgende: Aus einer quadratischen Schablone, die aus 6 × 6 Quadraten besteht, werden neun Quadrate ausgeschnitten, so dass neun Löcher entstehen. Nun legt man diese Schablone auf ein Blatt Papier mit 6 mal 6 Quadraten. Man schreibt den Klartext in die Löcher, und zwar in jedes Loch einen Buchstaben.
    Version 1: Man entfernt die Schablone und füllt die übrig gebliebenen Felder mit beliebigen anderen Buchstaben aus.
    Version 2: Man konstruiert die Schablone so, dass die Löcher bei Drehung um 90 Grad, um 180 Grad und um 270 Grad jeweils auf noch unbenutzte Felder fallen. Die Positionen der Löcher müssen dabei so gewählt sein, dass durch die vier Lagen der Scheibe alle 36 Positionen des Feldes erfasst werden. Auf diese Weise kann man einen Text mit 36 Buchstaben verschlüsseln. Zunächst schreibt man die ersten neun Buchstaben. Dann dreht man die Schablone um 90 Grad und schreibt die nächsten neun

Buchstaben in die Löcher und so weiter. Die Abbildung zeigt eine Version einer solchen Scheibe.

Bei beiden Versionen braucht der Empfänger der Nachricht die gleiche Schablone, um den Geheimtext entschlüsseln zu können.

Wie konstruiert man eine Fleißner-Schablone? Genauer gefragt: Wo müssen beziehungsweise dürfen die Löcher angebracht werden? Dazu hilft folgende Schemazeichnung:

1	2	3	۷	٣	١
4	5	6	∞	ϛ	۲
7	8	9	۶	۶	٣
٣	۶	ϭ	6	8	۷
۲	ϛ	∞	ϭ	5	4
١	۳	۷	٣	٢	١

Die 36 Felder sind mit den neun Zahlen 1, 2, 3, ..., 9 bezeichnet, von denen jede viermal vorkommt. Die Bezeichnung ist so gewählt, dass durch Drehungen um 90, 180 und 270 Grad jeweils Felder mit den gleichen Zahlen aufeinanderfallen. Um eine Fleißner-Schablone zu erhalten, entfernt man jeweils ein Feld einer Zahlensorte, also ein Feld, das mit 1 bezeichnet ist, eines, das mit 2 bezeichnet ist, und so weiter. Daraus ergibt sich auch die Anzahl aller möglichen Fleißner-Schablonen, das heißt die Anzahl der Schlüssel dieser Verschlüsselungsmethode. Da wir aus neun Mengen mit je vier Elementen jeweils eines auswählen, ist die Anzahl der Möglichkeiten $4 \cdot 4 \cdot ... \cdot 4 = 4^9 = 262\,144$.

«Der Geheimcode» im Mathematikum ist eine Variante der Fleißner-Schablone. Das Experiment besteht aus einer kreisförmigen Scheibe, die nicht nur vier Ausrichtungen (0 Grad, 90 Grad, 180 Grad, 270 Grad) erlaubt, sondern sehr viel mehr. Als Codeknacker muss man die Scheibe langsam, Stückchen für Stückchen, drehen und genau hinsehen, um die Position zu erkennen, bei der die Folge der Buchstaben in den Löchern einen sinnvollen Text ergibt. Und selbst wenn man eine richtige Position gefunden hat, ist das zeilenweise Lesen immer noch eine Herausforderung.

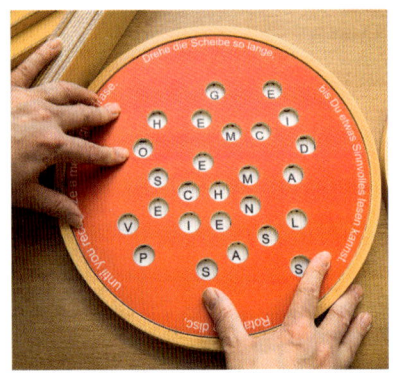

Und: Es gibt vier Positionen, in denen sinnvolle Texte erscheinen!

32
Die ENIGMA

Um keine andere mathematische Maschine ranken sich so viele Mythen wie um die ENIGMA. Kein Verschlüsselungsgerät stand so sehr im Zentrum internationalen Interesses. Keine Maschine wurde so berühmt.

Die ENIGMA ist eine Erfindung des deutschen Ingenieurs Arthur Scherbius (1878–1929), der sie 1918 zum Patent angemeldet hat. Ihre große Zeit hatte die ENIGMA im Zweiten Weltkrieg, als sie *das* Chiffriergerät der deutschen Wehrmacht war. Es ist unbekannt, wie viele ENIGMAs hergestellt wurden. Man schätzt, mindestens 100 000.

Die ENIGMA ist ein elektromechanisches Verschlüsselungsgerät. Das heißt zum einen, dass die Maschine mit Strom arbeitet, zum anderen, dass sie aus mechanischen, beweglichen Teilen besteht. Die elektrische Komponente kann man äußerlich schon daran erkennen, dass die verschlüsselten Buchstaben durch ein elektrisches Lämpchen angezeigt werden. Die Mechanik sieht man daran, dass sich die entscheidenden Teile der ENIGMA, die Rotoren, nach jedem Verschlüsselungsschritt weiterdrehen.

Im Grunde ist die ENIGMA einfach zu bedienen: Um einen Buchstaben zu verschlüsseln, drückt man die entsprechende Taste der Tastatur – und unmittelbar darauf leuchtet auf dem Feld darüber der verschlüsselte Buchstabe auf.

Was passiert dabei im Innern dieser Holzkiste? Ganz vereinfacht gesagt, ist die ENIGMA aus Cäsar-Scheiben aufgebaut. Diese werden in der ENIGMA-Welt «Rotoren» genannt. Die Funktionalität der ENIGMA besteht aus drei Ideen.

Erste Idee: Die Rotoren besitzen auf beiden Seiten 26 Kontakte, die wir uns zyklisch mit den Buchstaben A, B, C, …, Z gekennzeichnet denken können. Außerdem haben die Rotoren eine gewisse Dicke. Diese ermöglicht es, jeden Buchstaben der Vorderseite mit einem Buchstaben der Rückseite durch eine Leitung zu verbinden. Zum Beispiel waren die Buchstaben bei einem der Rotoren durch folgende Permutation verdrahtet:

Vorderseite: A B C D E F G H I J K L M N O P Q R S T U V W X Y Z
Rückseite: L P G S Z M H A E O Q K V X R F Y B U T N I C J D W

Verschlüsselt man zum Beispiel den Buchstaben B, dann wird bei diesem Rotor auf der Vorderseite Strom an den Buchstaben B angelegt. Auf der Rückseite kommt der Strom dann bei dem Buchstaben P an.

Zweite Idee: Eine ENIGMA enthält drei Rotoren, spätere Versionen auch vier, die abwechselnd mit Vorder- und Rückseite aneinandergefügt sind. Der Stromstoß, der nach dem Durchgang durch den ersten Rotor bei P landet, wird nun auf den direkt anliegenden Buchstaben der Vorderseite des zweiten Rotors weitergeleitet. Danach wird er mittels eines Drahts auf einen Buchstaben der Rückseite des zweiten Rotors weitergeleitet. So gelangt der Strom zum letzten Rotor und wird durch diesen hindurchgeleitet. Schon bis hierher ist eine ganz schöne Durchmischung eingetreten.

Dritte Idee: Eine Spezialität der ENIGMA ist die «Umkehrwalze». Diese verbindet die Buchstaben des Alphabets so, dass jeweils zwei miteinander vertauscht werden. Dies könnte zum Beispiel so geschehen:
A ↔ Y, B ↔ R, C ↔ U, D ↔ H, E ↔ Q, F ↔ S,
G ↔ L, I ↔ P, J ↔ X, K ↔ N, M ↔ O, T ↔ Z, V ↔ W

Das heißt, der Strom, der bei einem Buchstaben D auf der Rückseite des letzten Rotors ankommt, wird zum Buchstaben H geleitet. Dann fließt der Strom durch die drei Rotoren in umgekehrter Reihenfolge zurück.

Schließlich kommt der Stromstoß bei einem Buchstaben auf der Vorderseite des ersten Rotors an – und das ist der chiffrierte Buchstabe.

Eine Beobachtung können wir hier schon machen: Bei gleicher Einstellung der Rotoren sind Verschlüsselung und Entschlüsselung das Gleiche. Das heißt: Wenn A in Q verschlüsselt wird, dann wird auch Q in A entschlüsselt. Außerdem wird kein Buchstabe zu sich selbst verschlüsselt. Beide Eigenschaften waren für die Kryptoanalyse der ENIGMA entscheidend.

Ist ein Buchstabe auf diese Weise verschlüsselt, dreht sich der erste Rotor um eine Stelle weiter. Nach 26 Buchstaben, wenn also der erste Rotor wieder in die Ausgangslage kommt, dreht sich auch der zweite Rotor um eine

Stelle weiter. Wenn sich der erste Rotor $26 \cdot 26$ mal gedreht hat, dreht sich auch der dritte Rotor um eine Stelle weiter. Das bedeutet: Nach $26 \cdot 26 \cdot 26 = 17\,576$ verschlüsselten Buchstaben fängt bei einer 3-Rotor-ENIGMA alles wieder von vorne an.

Was ist der Schüssel? Die drei Rotoren lassen sich beliebig einstellen. Dadurch wird der Schlüssel aus drei Buchstaben definiert. Wenn der Schlüssel also ABC ist, dann steht der erste Rotor so, dass das A auf seiner Vorderseite an einer bestimmten Stelle steht, beim zweiten Rotor das B und beim dritten das C. Da es nur vergleichsweise wenige Schlüssel gab, musste der Schlüssel jeden Tag gewechselt werden.

Hier passierten beim Gebrauch der ENIGMA verhängnisvolle Fehler: Aus Bequemlichkeit benutzte man häufig «einfache» Buchstabenfolgen wie ABC oder AAA oder XYZ. Es ist klar, dass diese Kenntnis ein Geschenk für jeden Kryptoanalytiker ist (so lautet der vornehme Name der Codeknacker).

Um die Sicherheit zu erhöhen, wurde später ein sogenanntes Steckerbrett hinzugefügt, das eine der Verschlüsselung vorgeschaltete Permutation darstellt.

Kryptoanalyse der ENIGMA

Die ENIGMA war schon in den Dreißigerjahren des 20. Jahrhunderts ein Hauptziel der Kryptoanalytiker. Bereits 1932 gelang dem jungen genialen polnischen Mathematiker Marian Rejewski (1905–1980) ein erster folgenschwerer Einbruch in das ENIGMA-System. Es war ein Triumph, als er mit seinem Team eine ENIGMA nachbauen konnte. Mit diesen Erkenntnissen waren die Briten um Alan Turing (1912–1954), den Begründer der theoretischen Informatik, ab 1939 in der Lage, die ENIGMA vollständig zu analysieren. Das ermöglichte es ihnen, spätestens ab 1940 die Funksprüche der deutschen Wehrmacht zeitnah zu entschlüsseln. Viele Historiker sind der Meinung, dass dies den Verlauf des Zweiten Weltkriegs merklich beeinflusst hat. In jedem Fall war die Tatsache, dass die Alliierten die geheimen Funksprüche der deutschen Wehrmacht mitlesen konnten, von enormer strategischer Bedeutung.

33
Zeichen im Nebel

Wie der Name «Zeichen im Nebel» schon andeutet, ist das ein Experiment, bei dem zunächst nicht ersichtlich ist, was man tun soll. Man sieht eine Grundplatte mit einem offenbar zufälligen Muster aus schwarzen und weißen kleinen Quadraten. Daneben liegt ein Rahmen, der eine Plexiglasplatte einfasst, auf der ebenfalls nur ein vollkommen zufälliges Schwarz-Weiß-Muster zu erkennen ist.

Wenn wir den Rahmen auf die Grundplatte legen, geschieht ein «Wunder». Zwar ist es nicht ganz einfach, den Rahmen genau an die richtige Stelle einzupassen, aber wenn es gelingt, dann erkennen wir plötzlich etwas: Ganz deutlich tritt eine Figur, zum Beispiel ein Quadrat oder ein Ring, hervor.

Wie kommt es dazu? Zweimal Zufall ergibt ein Bild mit erkennbarem Inhalt? Ja. Das Experiment gehört zum Gebiet der «visuellen Kryptographie», die erst 1995 durch eine Arbeit der israelischen Mathematiker Moni Naor (geb. 1961) und Adi Shamir (geb. 1952) be-
gründet wurde. Die «visuelle Kryptographie» eignet sich besonders gut zur Verschlüsselung von Bildern. Dabei wird die Information des Bildes auf zwei Folien verteilt. Aus jeder einzelnen Folie kann man nicht auf das Originalbild schließen, mehr noch, aus ihm lässt sich überhaupt keine Information entnehmen. Beim Übereinanderlegen wird das Originalbild aber wieder sichtbar.

Wie funktioniert die visuelle Verschlüsselung? Das Bemerkenswerte daran ist, dass

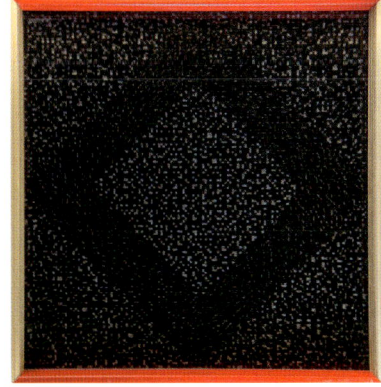

nicht die einzelnen Pixel in Bits übersetzt und sodann die Bits irgendwie manipuliert werden, sondern dass das gesamte Verfahren auf der visuellen Ebene spielt und so immer alles transparent bleibt.

Jeder Bildpunkt (Pixel) des Originalbildes wird auf jeder Folie in (zum Beispiel) $3 \times 3 = 9$ Unterpixel zerlegt. Von den 9 Unterpixeln werden auf der ersten Folie 4 oder 5 zufällig ausgewählt und schwarz gefärbt. Wie diese 9 Unterpixel auf der zweiten Folie gefärbt werden, hängt von der Farbe des Originalpixels ab.

- Ist das Originalpixel schwarz, dann werden auf der zweiten Folie genau diejenigen Punkte schwarz gefärbt, die auf der  ersten Folie weiß geblieben sind. Auf diese Weise ergibt sich beim Übereinanderlegen ein komplett schwarzes 3×3-Feld.

- Ist das Originalpixel weiß, dann werden auf der zweiten Folie exakt die gleichen Punkte wie auf  der ersten Folie schwarz gefärbt. Die restlichen 5 oder 4 Unterpixel bleiben weiß (genau wie auf der ersten Folie). Auf diese Weise ergibt sich beim Übereinanderlegen ein 3×3-Feld, das etwa zur Hälfte schwarz und zur Hälfte weiß gefärbt ist und daher insgesamt grau wirkt.

Beim Übereinanderlegen entsteht also ein schwarzer Punkt, wenn der Originalpunkt schwarz war, und ein grauer Punkt, wenn der Originalpunkt weiß war. So wird beim Übereinanderlegen das gesamte Originalbild rekonstruiert.

Man kann das Originalbild als «Klartext», die erste Folie als «Geheimtext» und die zweite Folie als «Schlüssel» auffassen. Nur wer den Geheimtext hat und den Schlüssel kennt, kann den Geheimtext entschlüsseln.

Bei der visuellen Kryptographie handelt es sich um modernste Mathematik. Naor und Shamir haben übrigens bewiesen, dass ihr Verfahren unknackbar ist: allein mit dem Geheimtext hat man keine Chance, den Klartext zu erschließen, denn der Geheimtext ist von einem Zufallsmuster nicht zu unterscheiden.

Kapitel 7
Gut in Form!

«Das Buch der Natur ist in der Sprache der Mathematik geschrieben, und ihre Buchstaben sind Kreise, Dreiecke und andere geometrische Figuren.» So lautet ein berühmter Satz von Galileo Galilei (1564–1642), der in unterschiedlichen Formulierungen zitiert wird. Worauf uns Galilei sicher hinweisen wollte, ist die Tatsache, dass wir in unserer Umwelt überall Mathematik entdecken können, wenn wir sie nur mit dem «mathematischen Auge» betrachten: Viele Blüten haben mathematische Formen und zeigen vielfältige Symmetrien, Bienenwaben bestehen aus sechseckigen Zellen und viele Früchte sind kugelförmig. Auch in der von Menschen gestalteten Umwelt entdecken wir eine Fülle von mathematischen Formen und Figuren: Wir sehen Rechtecke bei Fenstern und Türen, wir erkennen an Verkehrszeichen Dreiecke, Quadrate und Achtecke. Küchengeräte weisen einen ganzen Kosmos an geometrischen Formen auf. In jedem Fall bilden die elementaren Formen die Grundlage der praktischen und theoretischen Geometrie.

34
Der Formenschrank

Dieser Schrank hat viele Schubladen, und auf jeder Schublade ist eine geometrische Form zu sehen. Es beginnt mit den elementarsten Formen «Punkt», «Strecke», «Gerade» und geht dann weiter zu «Kreis», «Dreieck», aber auch zu Relationsbegriffen wie «senkrecht stehen». Wenn man eine Schublade öffnet, sieht man ein konkretes Objekt, das den jeweiligen Begriff realisiert.

Einige Objekte haben wir erwartet, manche sind überraschend und zu der einen oder anderen Form fällt uns noch viel mehr ein.

Manche Formen haben kein exaktes Abbild in der Realität: Wo gibt es einen Punkt? Was erinnert am ehesten an eine in beide Richtungen unendliche Gerade? Andere Formen, wie zum Beispiel der Kreis, kommen in der Welt so vielfältig vor, dass man viele Objekte hätte ausstellen können.

Wir erleben, wie wir durch den mathematischen Blick, in diesem Fall durch die Konzentration auf eine Form, unsere Umwelt neu und anders wahrnehmen.

Dabei wird auch klar, dass Begriffe durch Abstraktion von Eigenschaften konkreter Objekte entstehen beziehungsweise dass konkrete Objekte als Realisierungen abstrakter Begriffe dienen können.

35
Das Tangram

Tangram ist ein chinesisches Spiel, das mehr als 2000 Jahre alt sein soll. In Europa wurde es im 19. Jahrhundert bekannt und populär. Tangram, das auch «Siebenschlau» genannt wird, besteht aus sieben Teilen: fünf Dreiecken, zwei großen, einem mittleren und zwei kleinen, einem Quadrat und einem Parallelogramm. Nichts Ausgefallenes, zumal die Dreiecke alle rechtwinklig und gleichschenklig sind. In «aufgeräumtem» Zustand bilden die Teile ein Quadrat. Und genau das ist die Aufgabe: Setze die sieben Teile zu einem Quadrat zusammen!

Natürlich kann man viele falsche Ansätze verfolgen (zum Beispiel das Quadrat in eine Ecke oder genau in die Mitte legen), aber die Lösung ist letztlich einfach: Man fügt die beiden großen Dreiecke entlang einer kurzen Kante zusammen und erhält ein halbes Quadrat. Jetzt muss man aus den restlichen fünf Teilen «nur noch» die andere Quadrathälfte zusammenfügen.

Woher der Name «Tangram» kommt, ist unklar. Manche behaupten, aus dem Chinesischen, vielleicht von der «Tang-Dynastie», andere behaupten, er komme aus dem Englischen. Auch wann dieses Spiel erfunden wurde und von wem, bleibt im Dunkeln. Die ältesten schriftlichen Zeugnisse stammen vermutlich aus der Zeit um 1800; das erste erhaltene Dokument stammt aus dem Jahr 1813.

Tangram erreichte Ende des 19. und Anfang des 20. Jahrhunderts eine enorme Popularität. Es gab künstlerisch gestaltete Tangrams, andere, die pädagogische Ziele verfolgten, und es gab die sehr beliebten Anker-Steinbaukästen, die auch Tangrams enthielten. Im Ersten Weltkrieg wurden

Tangram-Puzzles für die Soldaten zum Zeitvertreib in den Schützengräben hergestellt, und zwar auf beiden Seiten der Front.

Tangram zeichnet sich dadurch aus, dass man mit den sieben Teilen eine unübersehbare Fülle von Figuren herstellen kann. In einem 1976 erschienenen Buch sind etwa 1600 Bilder enthalten, die sich mit den Tangram-Figuren legen lassen (Joost Elffers: Tangram. Das alte chinesische Formenspiel. Köln 1976).

Auch rein mathematisch betrachtet bietet das Tangram Herausforderungen. Man kann «mathematische Figuren» legen, also etwa ein Dreieck oder zwei gleich große Quadrate.

Eine kleine mathematische Forschungsaufgabe besteht darin, alle «konvexen» Tangram-Figuren zu legen; «konvex» bedeutet, dass die Figur keine Einsprünge und keine großen Ausbuchtungen hat. Hinweis: Es gibt genau 13 konvexe Tangram-Figuren.

36
Das T

Das «T-Puzzle» ist eines der gemeinsten und damit besten Knobelspiele
überhaupt! Aus vier Teilen soll man die Form des Buchstabens «T» legen.
Die Teile sehen nicht bösartig aus: ein kleines Dreieck und zwei Vierecke,
die jeweils zwei rechte Winkel und an der anderen Seite eine Spitze aufwei-
sen. Nur das vierte Teil ist ein bisschen auffällig: Es hat drei Spitzen, einen
stumpfen Winkel und einen einspringenden rechten Winkel.

Dieser einspringende rechte Winkel hat es in sich! Er übt einen fast unwi-
derstehlichen Sog aus. Man versucht, diesen Winkel mit einem der vielen
anderen rechten Winkel zu «schließen». Das ist aber genau die falsche

Strategie. Man darf diesen einspringenden rechten Winkel nicht zum Verschwinden bringen, sondern man muss ihn nutzen!

Man kann sich ein T-Puzzle einfach selbst herstellen, indem man die Teile aus Papier schneidet. Der erste Schritt besteht darin, ein gutes T zu zeichnen. Dabei sollte man darauf achten, dass das T schön symmetrisch ist und dass die Balken gleich dick (und insgesamt nicht zu dünn) sind. Es empfiehlt sich, die Linien so zart zu zeichnen, dass diese beim Ausschneiden verschwinden oder man sie wieder ausradieren kann.

　　Hat man das T ausgeschnitten, geht es an das eigentliche Puzzle: Die erste Schnittlinie verläuft genau durch einen der einspringenden rechten Winkel des T; man sollte diese Linie so legen, dass sie einen Winkel von 45 Grad mit der Senkrechten einschließt. Dieser erste Schnitt macht aus einem Teil drei Teile!

　　Der zweite Schnitt verläuft parallel zum ersten. Das dabei entstehende Puzzleteil sollte die gleiche Dicke wie die Balken des T haben.

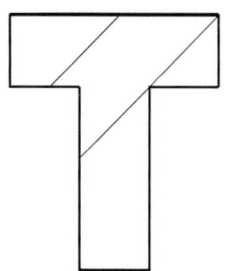

Wenn man die Teile mischt und einige umdreht, zeigt sich, dass das Puzzle selbst dann schwierig bleibt, wenn man es hergestellt hat.

Ein ähnliches Puzzle kann man grundsätzlich mit jedem Buchstaben machen. Aber Achtung: Zeichnen Sie Ihre Lösung auf, sonst werden Sie kaum eine Chance haben, aus den Schnipseln den Buchstaben zu rekonstruieren.

Das älteste bekannte T-Puzzle wurde im Jahr 1898 als Werbung für «Lash's Bitter – the original tonic laxative» eingesetzt; es war allerdings ein T-Puzzle mit «falschen» Winkeln. Das erste «richtige» T-Puzzle wurde 1903 in die Teeboxen des «White Rose Ceylon Tea» gepackt, der in New York von Seeman Brothers vertrieben wurde. Auf dem größten Puzzleteil konnte man folgende Aufforderung lesen: *Arrange these four pieces ... so as to form a perfect T. White Rose Ceylon is a perfect Tea.*

37
Das Quadreieck

Eine Figur in verschiedene Teile zu zerlegen und diese wieder zusammenzusetzen ist nicht schwierig – jedenfalls solange nicht festgelegt ist, was die Ausgangs- und was die Zielfigur sein soll. Es ist einfach, ein Quadrat in ein Rechteck zu verwandeln: Man braucht nur das Quadrat in viele kleine Quadrätchen zu zerlegen, die man dann zu einem Rechteck zusammensetzt.

Diese Methode funktioniert nicht, wenn man ein Quadrat in ein gleichseitiges Dreieck verwandeln soll. Hierzu bietet das «Quadreieck» eine geniale Lösung. Das Quadrat muss in nur vier Teile zerlegt werden, aus denen man dann ein gleichseitiges Dreieck zusammenlegen kann.

Die genauen Maße kann man auf folgende Weise erhalten: Wir legen fest, dass das Quadrat die Seitenlänge 1 haben soll; mit s bezeichnen wir die Seitenlänge des gleichseitigen Dreiecks. Diese kann man ausrechnen; es ergibt sich $s = 2/\sqrt[4]{3} \approx 1{,}56$.

Nun zeichnen wir einen Streifen aus gleichseitigen Dreiecken der Seitenlänge s und, auf durchsichtige Folie, einen Streifen von Quadraten der Seitenlänge 1. Diese legen wir so übereinander, wie in der Zeichnung zu sehen ist. Dabei ist der Punkt A so gewählt, dass er sowohl eine Quadratseite als auch eine

Dreieckseite halbiert, und der Punkt N so, dass er die Quadratseite halbiert. Wenn man so vorgeht, ergibt sich zwischen den Streifen ein Winkel von etwa 41,15 Grad.

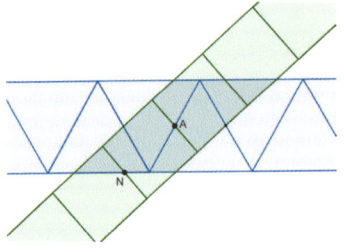

Durch scharfes Hinschauen erkennt man, dass ein Quadrat aus den gleichen vier Teilen zusammengesetzt ist wie ein Dreieck.

Das Quadreieck hat noch eine weitere Eigenschaft, die dieses Puzzle wirklich sensationell macht. Man kann die Teile durch Scharniere verbinden und dann, ohne nachzudenken, nur durch einfaches Drehen aus dem Quadrat ein Dreieck zaubern und umgekehrt. Die Scharniere muss man an den Stellen anbringen, an denen in der obigen Zeichnung eine Quadratseite eine Dreieckseite schneidet.

Henry Ernest Dudeney (1857–1930) war ein englischer Schriftsteller, der als Erfinder mathematischer Rätsel und Puzzles berühmt wurde. Er veröffentlichte zunächst in Zeitschriften unter dem Pseudonym «Sphinx»; später publizierte er auch Sammlungen von Puzzles, zum Beispiel das bekannte Buch «The Canterbury Puzzles», das 1907 erschien. Als seine berühmteste Erfindung gilt das Quadreieck, das damals unter dem Namen «Haberdasher's Puzzle» bekannt war. Das Quadreieck hat Dudeney bereits 1902 der Öffentlichkeit vorgestellt. In den «Canterbury Puzzles» veröffentlichte er zum ersten Mal die Version mit den Scharnieren.

38
Der Soma-Würfel

Der dänische Spieleerfinder Piet Hein (1905–1996) erzählt, dass ihm die Idee zum «Soma-Würfel» gekommen sei, als er eine Vorlesung von Werner Heisenberg (1901–1976) über Quantenphysik hörte. Als Heisenberg erwähnte, dass der Raum auf regelmäßige Weise in kleine Würfel aufgeteilt werden kann, sah Piet Hein vor seinem geistigen Auge, wie man einen großen Würfel auch aus irregulären Teilen zusammensetzen kann, die ihrerseits aus höchstens vier kleinen Würfeln bestehen. Piet Hein datiert dieses Erlebnis in seiner Erinnerung auf das Jahr 1936. Doch erhielt er schon 1934 ein Patent auf den Soma-Würfel.

Das griechische Wort «Soma» bedeutet «Körper». Es wird aber auch behauptet, dass Piet Hein bei der Namensgebung an die Droge «Soma» aus Aldous Huxleys (1894–1963) Science-Fiction-Roman «Schöne neue Welt» gedacht habe, mit deren Hilfe sich die Romanfiguren in einen selbstvergessenen Zustand versetzen können.

Das Problem, dessen Lösung Piet Hein vor sich sah, besteht darin, aus sieben merkwürdigen Teilen einen Würfel zusammenzusetzen. Die einzelnen Teile kann man sich jeweils aus kleinen Würfelchen zusammengesetzt denken. Eines der Teile besteht aus drei Würfelchen, die anderen sechs aus jeweils vier Würfelchen. Insgesamt haben wir also $3 + 6 \cdot 4 = 27$ Würfelchen. Der Würfel, der sich ergeben soll, muss also ein 3×3×3-Würfel sein; an jeder Kante hat er drei Würfelchen.

Die einzelnen Teilchen

Der Aufbau des Soma-Würfels ist zweistufig. Gegeben sind sieben Objekte, aus denen man einen großen Würfel zusammensetzen soll. Aber auch diesen Objekten liegt eine Systematik zugrunde. Sie sind nämlich ihrerseits aus kleinen Würfeln aufgebaut, und es sind – mit gewissen Einschränkungen – die einzigen Objekte, die sich aus höchstens vier kleinen Würfeln zusammenfügen lassen.

Welche Möglichkeiten gibt es, aus kleinen Würfeln Körper zusammenzusetzen?

- Zwei Würfel kann man nur so aneinandersetzen, dass ein Quader mit den Seitenlängen 1, 1 und 2 entsteht.
- Drei Würfel kann man entweder zu einem Quader mit den Seitenlängen 1, 1, 3 zusammensetzen oder zu einem Eck.
- Bei vier Würfeln beginnt es interessant zu werden: Neben Quadern mit den Seitenlängen 1, 1, 4 und 1, 2, 2 gibt es zwei «ebene» Körper, die eine gerade Verbindung aus drei Würfelchen haben: das T und das L. Außerdem gibt es eine weitere ebene Figur, das Z.
- Die restlichen drei Figuren sind räumliche Gebilde. Zwei davon sind Spiegelbilder voneinander, das dritte ist spiegelsymmetrisch.

Insgesamt gibt es also 11 Möglichkeiten, einen Körper aus zwei, drei oder vier Würfeln zu konstruieren. Wenn man die Quader außer Betracht lässt (diese sind «zu einfach»), bleiben sieben Körper übrig. Deren Gesamtvolumen ist 27 – also könnte es möglich sein, aus diesen einen 3×3×3-Würfel zusammenzusetzen. Dass dies möglich ist, war die Einsicht von Piet Hein.

Zusammensetzen des Soma-Würfels

Tatsächlich gibt es genau 240 Möglichkeiten, den Soma-Würfel aufzubauen, symmetrische Lösungen nicht mitgerechnet. Dieses Ergebnis hat der

Mathematiker J. H. Conway (siehe Ab-schnitt 39, «Der Conway-Cube») durch systematisches Ausprobieren erhalten.

Eine Möglichkeit, die man sich bei der Ausführung des Soma-Würfels im Mathematikum gut merken kann, ist die folgende. Man beginnt mit dem «schwedischen Sofa», das aufgrund der Farben so heißt. Man fügt das weiße und gelbe Teil aneinander und setzt dann das blaue als «Rückenlehne» des Sofas darauf. Anschließend kann man vorne das schwierige schwarze Teil unterbringen und hat dann kein Problem mehr, die restlichen Teile hinzuzufügen.

Beim Soma-Würfel geht es auch um Raumerfassung: Wie kann man einen (großen) Teil des Raums durch kleine Bausteine ausfüllen? Dass sich beliebig große Teile des Raums durch Würfel oder Quader konstruieren lassen, weiß jeder, der mit Bauklötzen gespielt oder ein Haus aus Ziegelsteinen gebaut hat. Aber es gibt nicht viele «Bausteine», aus denen man den Raum lückenlos füllen kann.

Piet Hein war ein dänischer Schriftsteller und Wissenschaftler. Er war schon zu Lebzeiten außerordentlich populär. Er war während des Zweiten Weltkriegs Präsident einer Anti-Nazi-Union, ging in den Untergrund und begann dort unter dem Pseudonym «Kumbel Kumbell» Gedichte zu schreiben. Diese nannte Piet Hein «Grooks». Als Wissenschaftler hatte er vielfältige Interessen. Neben dem Soma-Würfel ist seine berühmteste Erfindung die «Super-Ellipse», eine Mischung aus Rechteck und Ellipse.

Der folgende «Grook» von Piet Hein passt wunderbar zu den Lösungsversuchen für den Soma-Würfel:

Problems worthy	Probleme, die es wert sind,
of attack	in Angriff genommen zu werden,
prove their worth	beweisen ihren Wert,
by hitting back.	indem sie Kontra geben.

39
Der Conway-Cube

Dieses Puzzle sieht einfach aus, ist aber schwieriger zu lösen, als man zunächst glaubt. Man soll «nur» aus sechs blauen Quadern und drei roten kleinen Würfelchen einen großen Würfel zusammensetzen. Die Lösung basiert überraschenderweise auf der Unterscheidung zwischen geraden und ungeraden Zahlen.

Zunächst kann man berechnen, wie groß der Würfel werden wird. Das ist nicht schwer: Wir legen fest, dass ein rotes Würfelchen die Seitenlänge 1 hat; dann hat es auch den Rauminhalt 1. Jeder Quader hat dann zwei Seiten der Länge 2 und eine der Länge 1. Sein Rauminhalt beträgt daher $2 \cdot 2 \cdot 1 = 4$. Tatsächlich kann man sich jeden blauen Quader auch aus vier roten Würfelchen zusammengesetzt denken.

Die sechs blauen Quader haben zusammen also den Rauminhalt $6 \cdot 4 = 24$. Dazu kommen noch die drei roten Würfelchen, jeweils mit Rauminhalt 1. Insgesamt erhält man ein Gebilde mit Rauminhalt 27. Wenn das ein Würfel sein soll, muss es ein 3×3×3-Würfel sein, denn dieser hat genau den Rauminhalt $3 \cdot 3 \cdot 3 = 27$.

Diese Erkenntnis ist ein erster Hinweis zur Konstruktion des Würfels. In keiner Richtung darf man die Länge 4 oder mehr erreichen. Zum Beispiel braucht man gar nicht damit anzufangen, zwei blaue Quader nebeneinanderzulegen; das kann nichts werden.

Aber das alleine ist noch nicht die Idee zur Lösung.

Man kommt der Lösung näher, wenn man sich fragt: Wo müssen die roten Würfelchen liegen?

Muss beispielsweise in der untersten Ebene des Würfels ein rotes Würfelchen liegen? Das kann man sich leicht überlegen. Die unterste Ebene besteht aus neun Einheiten, denn bei einem 3×3×3-Würfel hat jede Ebene die Ausmaße 3×3. Jeder blaue Quader überdeckt entweder vier Einheiten (wenn er waagerecht liegt) oder zwei (wenn er senkrecht steht). Aber aus den Zahlen 2 und 4 alleine lässt sich niemals die ungerade Zahl 9 zusammensetzen; eine Summe gerader Zahlen ist stets gerade. Also braucht man für die unterste Ebene (mindestens) ein rotes Würfelchen.

Für die mittlere Ebene gilt Entsprechendes: Auch diese kann man nicht ausschließlich mit blauen Quadern überdecken. Und die oberste Ebene auch nicht. Deshalb muss nicht nur unten, sondern auch in der Mitte und oben mindestens ein rotes Würfelchen liegen. Da wir insgesamt nur drei haben, muss also unten, in der Mitte und oben jeweils genau ein rotes Würfelchen liegen!

Diese Erkenntnis ist schon eine große Hilfe beim Bau. Aber es kommt noch besser!

Was für die waagerechten Ebenen gilt, gilt auch für die senkrechten! Betrachten wir zuerst die vordere, mittlere und hintere Ebene: Keine von diesen kann nur mit den blauen Quadern überdeckt werden, also muss jede dieser Ebenen genau ein rotes Würfelchen enthalten.

Ebenso muss jede der Ebenen rechts, in der Mitte und links genau ein rotes Würfelchen enthalten.

Damit sind die Positionen der roten Würfelchen weitgehend festgelegt. Wenn man ein rotes Würfelchen in die Ecke links unten vorne legt, sind damit schon drei Ebenen erfasst: die linke, die unterste und die vorderste. Ein Würfelchen, das sich genau in der Mitte des Würfels befindet, deckt die drei mittleren Ebenen ab. Führt man diese Überlegung fort, kommt man darauf, dass die roten Würfelchen eine «Raumdiagonale» bilden müssen. Das heißt zum Beispiel, dass ein Würfelchen links unten vorne liegt, das zweite genau in der Mitte des Würfels und das dritte rechts oben hinten.

Anschließend ordnen sich die blauen Quader fast automatisch zu einem Würfel.

Der Conway-Cube im Mathematikum ist die einfache Version eines schwierigen Knobelspiels. Dabei geht es darum, aus sechs 3×2×2-Quadern und sechs 4×2×1-Quadern sowie fünf 1×1×1-Würfelchen einen Würfel der Kantenlänge 5 zusammenzusetzen. Auch hier kann man sich zunächst davon überzeugen, dass die Aufgabe gelingen könnte. Denn die sechs 3×2×2-Quader haben zusammen einen Rauminhalt von $6 \cdot 12 = 72$ und die sechs 4×2×1-Quader insgesamt einen Rauminhalt von $6 \cdot 8 = 48$. Dies ergibt zusammen mit den 5 Würfelchen einen Rauminhalt von $72 + 48 + 5 = 125$. Da dies genau der Rauminhalt eines Würfels der Kantenlänge 5 ist, könnte es funktionieren.

Mit Hilfe gerader und ungerader Zahlen kann man dann ähnlich wie oben weiter überlegen. Da jeder der Quader in jeder Ebene eine gerade Anzahl von Feldern überdeckt, jede Ebene aber $5 \cdot 5 = 25$ Felder hat, muss in jeder Ebene genau ein Würfelchen sitzen. Also bilden diese wieder eine Raumdiagonale. Und mit dieser Information wird das Zusammensetzen sicherlich einfacher!

Zum ersten Mal veröffentlicht wurde der Conway-Cube 1982 in dem Werk E. R. Berlekamp, J. H. Conway, R. K Guy, Winning ways for your mathematical plays, Vol. 2 Games in particular. Academic Press, S. 736–737.

John Horton Conway (geb. 1937) ist einer der kreativsten, vielseitigsten und exzentrischsten Mathematiker unserer Zeit. Er besitzt die einzigartige Fähigkeit, scheinbar einfache Objekte und Spiele mit tiefgründiger Mathematik in Verbindung zu bringen.

Conway studierte und arbeitete lange an der Universität Cambridge, bis er 1986 an die Princeton University berufen wurde. Einer breiten Öffentlichkeit bekannt wurde er 1970 durch die Erfindung des «Game of Life», das in der Frühzeit des Computers auf allen Rechnern lief. Dieses Spiel wird auf einem im Idealfall unendlich großen karierten Papier gespielt und entwickelt sich über aufeinanderfolgende Generationen. Eine Zelle (ein Karo) wird in der nächsten Generation besetzt («lebt»), wenn in der jetzigen Generation genau drei ihrer acht Nachbarzellen leben.

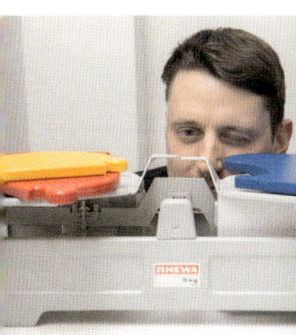

Kapitel 8
Pythagoras

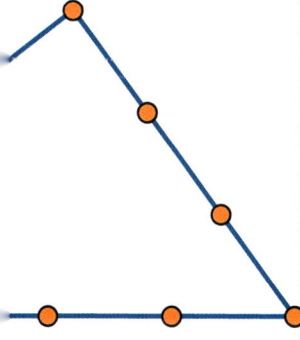

Der Satz des Pythagoras ist der bekannteste Satz der Mathematik überhaupt. Für viele Menschen ist es der einzige mathematische Satz, den sie kennen. Sie sind imstande, «$a^2 + b^2 = c^2$» wie ein Mantra herunterzubeten, wissen aber nicht, wie die eigentliche Aussage des Satzes lautet. Insbesondere für sie ist dieses Kapitel gedacht.

40
Pythagoras zum Wiegen

Wir legen zwei kleine Teile auf die eine Waagschale, das große auf die andere – und die Waage kommt ins Gleichgewicht. Die beiden kleinen Teile sind die Quadrate, die an die kurzen Seiten (die «Katheten») eines rechtwinkligen Dreiecks passen, das große blaue Teil ist das Quadrat, dessen Seitenlänge die «Hypotenuse», also die längste Seite des Dreiecks, ist. Das Experiment zeigt, dass die beiden kleinen Quadrate zusammen genauso viel wiegen wie das große. Da die Quadrate überall gleich dick sind und aus dem gleichen Material bestehen, kann man das Gleichgewicht auch so interpretieren, dass die beiden kleinen Quadrate zusammen den gleichen Flächeninhalt haben wie das große.

Der Satz des Pythagoras sagt, dass bei jedem rechtwinkligen Dreieck (und nur bei diesen!) die Flächeninhalte der beiden Kathetenquadrate zusammen genauso groß sind wie das Hypotenusenquadrat. In einer Formel ausgedrückt lautet dies:

$$a^2 + b^2 = c^2$$

Dabei ist a die Länge der einen Kathete (in unserem Fall der roten Seite). Der Flächeninhalt des roten Quadrats ist also a mal a oder a^2. Entsprechend ist die Seitenlänge des gelben Quadrats gleich b, sein Flächeninhalt also gleich b^2, und das große blaue Quadrat mit der Seitenlänge c hat den Flächeninhalt c^2. Mit dem Satz des Pythagoras kann man also zwei Quadrate in ein großes Quadrat verwandeln, das den gleichen Flächeninhalt hat wie die beiden kleinen zusammen.

Interessanterweise gilt der Satz des Pythagoras nicht nur für Quadrate, sondern für beliebige Figuren. Die drei Figuren, die man an die Seiten anlegt, müssen allerdings (1) ähnlich zueinander sein, das heißt durch Vergrößerung oder Verkleinerung auseinander hervorgehen, und (2) so groß sein, dass sie jeweils genau an die entsprechende Seite des Dreiecks passen.

Im Mathematikum lässt sich das Gesagte anhand von Sternen und Häschen verifizieren. Bei den Sternen ist jeweils die Entfernung zwischen zwei nebeneinanderliegenden Spitzen und bei den Häschen jeweils die Basisstrecke gleich der Seitenlänge. Das Experiment zeigt, dass die beiden kleinen Sterne zusammen den gleichen Flächeninhalt haben wie der große und dass die beiden Kathetenhäschen zusammen genau so groß sind wie der Hypotenusenhase.

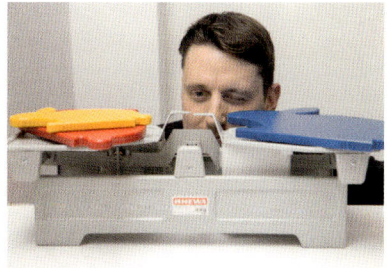

Die Verifikation lässt sich auch gedanklich vollziehen. Wir vergleichen dazu die Häschen mit den entsprechenden Quadraten. Wenn das rote Häschen einen Flächeninhalt hat, der das 1,2-fache der Fläche des roten Quadrats beträgt, dann haben aufgrund der Konstruktion der Figuren das gelbe Häschen das 1,2-fache der Fläche des gelben Quadrats und der blaue Hypotenusenhase einen Flächeninhalt, der das 1,2-fache der Fläche des blauen Quadrats ist. Damit ergibt sich:

$$\text{Fläche des roten und des gelben Häschens} = 1{,}2 \cdot a^2 + 1{,}2 \cdot b^2$$
$$= 1{,}2 \cdot (a^2 + b^2) = 1{,}2 \cdot c^2 = \text{Fläche des blauen Hasens}$$

41
Pythagoras zum Legen

Was das Wiegeexperiment qualitativ leistet, das kann man an einem anderen Experiment quantitativ ablesen. Man sieht die klassische Pythagoras-Figur und ist aufgefordert, die Kathetenquadrate beziehungsweise das Hypotenusenquadrat mit quadratischen Plättchen auszufüllen. Deren Anzahl ist so festgelegt, dass man entweder die beiden Kathetenquadrate oder das Hypotenusenquadrat vollständig auslegen kann. Daher sind die beiden Kathetenquadrate zusammen genauso groß wie das Hypotenusenquadrat.

Das rote Kathetenquadrat besteht aus neun Plättchen, das gelbe aus 16 Plättchen. Insgesamt sind das $9 + 16 = 25$ Plättchen, die genau in das Hypotenusenquadrat passen.

Die Gleichung $3^2 + 4^2 = 5^2$ ist die kleinste Lösung der Pythagorasgleichung $a^2 + b^2 = c^2$ mit ganzen Zahlen. Es gibt weitere solche Zahlentripel, zum Beispiel 5, 12 und 13. Denn $5^2 + 12^2 = 25 + 144 = 169 = 13^2$. Man nennt solche Zahlentripel «pythagoreische Zahlentripel». Schon Euklid hat in seinem Buch «Die Elemente» 300 v. Chr. die pythagoreischen Tripel vollständig beschrieben. Der griechische Mathematiker Diophant (um 250 n. Chr.) hat dieses Thema wieder aufgegriffen und systematisch untersucht.

Zum Weiterdenken:
Die Fermatsche Vermutung

Als Pierre de Fermat (1601-1665) bei der Lektüre des Werkes von Diophant zu der Stelle kam, wo die pythagoreischen Tripel bestimmt wurden, hatte er einen Gedankenblitz. Glücklicherweise notierte er diesen genialen Einfall sofort am Rand der Seite, die er gerade las:

Es ist unmöglich, einen Kubus in zwei Kuben zu zerlegen oder ein Biquadrat in zwei Biquadrate oder allgemein irgendeine Potenz größer als die zweite in Potenzen gleichen Grades. Ich habe hierfür einen wahrhaft wunderbaren Beweis gefunden, doch ist der Rand hier zu schmal, um ihn zu fassen.

Fermat behauptet also, dass weder die Gleichung $x^3 + y^3 = z^3$ noch die Gleichung $x^4 + y^4 = z^4$, noch im Allgemeinen die Gleichung $x^n + y^n = z^n$ für $n > 2$ eine Lösung mit positiven ganzen Zahlen x, y, z hat.

Dieses Problem, insbesondere der hypothetische «wunderbare Beweis», hat die Mathematiker jahrhundertelang fasziniert und manchmal zur Verzweiflung getrieben.

Das ging so lange, bis der britische Mathematiker Andrew Wiles (geb. 1953) am 23. Juni 1993 eine Vortragsreihe am Newton Institute in Cambridge hielt, an deren Ende er behauptete, die Fermatsche Vermutung gelöst zu haben, und dann sagte: «I think I'll stop here.»

Später wurde an einer entscheidenden Stelle des Beweises noch ein Fehler gefunden, aber in Zusammenarbeit mit seinem Schüler und Kollegen Richard Taylor (geb. 1962) konnte Andrew Wiles den Beweis perfekt machen.

Dieser ist allerdings definitiv nicht der «wunderbare Beweis», von dem Fermat träumte. Die Mehrheit der Mathematiker glaubt, dass Fermat sich vertan hat und dass es keinen kurzen, elementaren Beweis für die Fermatsche Vermutung gibt. Aber seinen Traum träumen viele Mathematiker auch heute noch.

Anwendung

Der Satz des Pythagoras hat eine wichtige Anwendung. Dabei geht es um die Konstruktion eines rechten Winkels mit Hilfe des sogenannten 12-Knoten-Seils, also ohne Geodreieck oder Winkelmesser. Man teilt ein Seil durch Knoten in 12 gleich lange Abschnitte ein und knotet das Seil zu einem geschlossenen Ring zusammen. Das Seil hat dann insgesamt 12 Knoten und 12 gleich lange Abschnitte. Nun formt man mit dem Seil ein Dreieck, an dessen Ecken jeweils ein Knoten liegt, und zwar so, dass das Dreieck die Seitenlängen 3, 4 und 5 hat. Da $3^2 + 4^2 = 9 + 16 = 25 = 5^2$ ist, ist das Dreieck ein rechtwinkliges Dreieck.

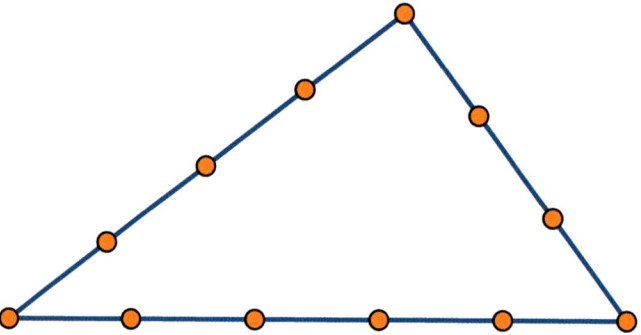

Man benutzt hier nicht den Satz des Pythagoras, sondern seine Umkehrung. Diese lautet: Wenn für die Seitenlängen eines Dreiecks $a^2 + b^2 = c^2$ gilt, dann ist das Dreieck rechtwinklig.

42
Pythagoras beweisen

Man kennt über 400 Beweise des Satzes des Pythagoras. Damit ist dieser Satz sicher derjenige mathematische Satz mit den meisten Beweisen. (Der Satz wird durch viele Beweise nicht richtiger. Ein einziger Beweis reicht aus, um die Gültigkeit eines Satzes zu zeigen.) Zu den Autoren, die einen Beweis beigesteuert haben, zählen Leonardo da Vinci (1452–1519), der amerikanische Präsident James A. Garfield (1831–1881) und Albert Einstein (1879–1955).

Ein Experiment des Mathematikums zeigt einen Beweis des Satzes des Pythagoras. Dieser war schon um das Jahr 900 in Indien bekannt. Der Beweis erfolgt dadurch, dass man einfach zwei Teile umklappt. Wenn man aufmerksam hinschaut, erkennt man, dass die Ausgangsfigur aus einem roten und einem gelben Quadrat besteht, die eng aneinanderliegen. Diese Figur kann man als Stuhl mit Lehne interpretieren, was dem Beweis den Namen «Der Stuhl der Braut» gab. Beim Umklappen der beiden dreieckigen Teile entsteht ein großes, blau umrandetes Quadrat. Das bedeutet: Aus zwei kleinen Quadraten wird ein großes, in Formeln: aus a^2 plus b^2 wird c^2. Mit einem separaten rechtwinkligen Dreieck kann man sich überzeugen, dass a und b tatsächlich die Katheten dieses Dreiecks und c dessen Hypotenuse sind.

Dieses Experiment geht in seiner mathematischen Bedeutung weit über das Wiege- und das Legeexperiment hinaus. Es ist ein echter Beweis. Für jedes rechtwinklige Dreieck lassen sich die Kathetenquadrate gemäß diesem Experiment zerlegen, so dass man aus ihnen das Hypotenusenquadrat zusammensetzen kann.

Pythagoras von Samos (ca. 570–ca. 510 v. Chr.) ist einer der wichtigsten und gleichzeitig unbekanntesten Mathematiker. Er wurde im griechischen Samos geboren und hat als junger Mann vermutlich Reisen nach Ägypten und Mesopotamien unternommen. Etwa um 530 wanderte er nach Kroton in Süditalien aus und gründete dort die «Schule der Pythagoreer». Das war eine Lebensgemeinschaft, die sich mit allem möglichen Wissenschaftlichen und Pseudowissenschaftlichen beschäftigte. Unverkennbar ist eine religiöse Komponente; Pythagoras wurde wie ein Heiliger verehrt.

Es ist weitgehend unklar, welche Erkenntnisse auf Pythagoras selbst und welche auf Wissenschaftler in den Reihen der Pythagoreer zurückzuführen sind. Sicher ist aber, dass eine Fülle von Erkenntnissen erzielt wurde. So spielten Zahlen eine große Rolle. Die Pythagoreer definierten als Erste, was «gerade» und «ungerade» bedeutet, und entdeckten auch Gesetze wie «ungerade plus ungerade gleich gerade». Sie kannten das Dodekaeder und damit das Fünfeck und das Pentagramm – und entdeckten daran die erste irrationale Zahl, nämlich den goldenen Schnitt. Nach einigen Jahren in Kroton übersiedelte Pythagoras nach Metapont (ebenfalls in Süditalien). Dies geschah nicht ganz freiwillig, da er in politische Grabenkriege verwickelt war. Dort lebte er bis zu seinem Tode in hohem Ansehen.

Der Satz des Pythagoras *vor* Pythagoras

Der Satz von Pythagoras wurde keineswegs von Pythagoras entdeckt. Er war längst vorher bekannt. Aus einer Zeit etwa 1000 Jahre vor Pythagoras sind babylonische Tontafeln überliefert, die unmissverständlich den Satz des Pythagoras zeigen. Die Tafel auf der folgenden Seite wurde etwa 1800 v. Chr. in Sippar hergestellt und zeigt den Satz des Pythagoras im Spezialfall von Dreiecken mit gleich langen Katheten.

Die Babylonier haben den Satz des Pythagoras eifrig verwendet und damit Flächeninhalte und Streckenlängen bestimmt. Aber es gibt einen entscheidenden Unterschied: Die Babylonier haben – nach allem, was wir wissen – den Satz des Pythagoras wie ein Naturgesetz benutzt. Sie haben gemessen und festgestellt, dass es stimmt. Das heißt, sie haben den Satz durch *Experimente* verifiziert. Das kann den Ansprüchen der Mathematik nicht genügen, denn durch Experimente kann man bestenfalls eine endliche Anzahl von Fällen verifizieren, aber nicht alle unendlich vielen Fälle erledigen. Pythagoras (oder jemand aus seiner Schule) hat den Satz bewiesen. Das heißt, er hat durch rein *logische Argumentation* hergeleitet, dass bei *jedem* der unendlich vielen rechtwinkligen Dreiecke die Summe der Kathetenquadrate exakt gleich dem Hypotenusenquadrat ist.

43
Das Quadratpuzzle

Ein Rechteck mit gleich großen Quadraten auszufüllen ist einfach. Viel schwieriger ist die Aufgabe, eine Fläche mit Quadraten zu überdecken, die alle unterschiedliche Größen haben.

In der ersten Hälfte des 20. Jahrhunderts wollte man genau dieses Problem lösen. Man stellte die Frage nach einem sogenannten «perfekten Quadrat»: Kann man ein Quadrat in lauter unterschiedlich große Quadrate aufteilen? Diese Frage erwies sich als wesentlich schwieriger, als es den Anschein hatte, und stellte auch Mathematiker vor ein zunächst unlösbares Problem. Sehr schnell war klar: Mit Probieren hat man keine Chance!

Die Mathematiker haben das Problem dann auf perfekte Rechtecke verallgemeinert. Und tatsächlich fand der polnische Mathematiker Zbigniew Moroń (1904–1971) 1925 das erste perfekte Rechteck. Dieses bestand aus neun Teilen. Moroń konnte auch beweisen, dass es kein perfektes Rechteck mit weniger als neun Teilen gibt.

Eine Zerlegung eines Rechtecks in elf unterschiedlich große Quadrate ist das Hauptmotiv der von Norbert Höchtlen entworfenen Briefmarke, die anlässlich des Internationalen Mathematiker-Kongresses 1998 in Berlin herausgegeben wurde.

Diese Zerlegung ist auch Gegenstand des Experiments im Mathematikum. Das Rechteck hat die Abmessungen 176 × 177, ist also fast ein Quadrat. In dieses Rechteck muss man die elf Quadrate einpassen; diese haben die Seitenlängen 99, 78, 77, 57, 43, 41, 34, 25, 21, 16, 9.

Erstaunlicherweise ist das Experiment auch dann noch schwierig, wenn – wie im Mathematikum – die Quadrate vorgegeben sind und man also deren Größen nicht mehr bestimmen muss.

Dabei liegt die Lösungsstrategie auf der Hand: Man bringt zunächst die zwei größten Quadrate unter. Dabei kann man verifizieren, dass der Rahmen nur rechteckig und nicht quadratisch ist, denn die beiden größten Quadrate passen nur in einer Richtung in den Rahmen. Anschließend kann man ohne weiteres auch das drittgrößte Quadrat unterbringen. Von diesem Punkt aus arbeitet man sich dann weiter vor, indem man versucht, das jeweils größte verbleibende Quadrat einzupassen.

Das erste perfekte *Quadrat* wurde 1939 von dem deutschen Mathematiker Roland Sprague veröffentlicht; es besteht aus 55 Teilen. Im Jahr 1978 fand A. J. W. Duijvenstijn (1927–1998) unter Einsatz eines Computers das «kleinste» perfekte Quadrat, das aus gerade einmal 21 Teilen besteht. Es gibt keine Zerlegung mit weniger Quadraten.

In den Dreißigerjahren des 20. Jahrhunderts entwickelte der berühmte Mathematiker W. T. Tutte (1917–2002; damals Student an der Cambridge University) zusammen mit drei Kommilitonen eine Methode zur Behandlung perfekter Quadrate. Er übersetzte ein irgendwie in Quadrate aufgeteiltes Rechteck in einen elektrischen Schaltkreis. Unter Anwendung der Theorie dieser Schaltkreise konnte er dann Aussagen über perfekte Rechtecke und Quadrate erhalten. Insbesondere war es auf diesem Weg möglich, derartige perfekte Rechtecke und Quadrate systematisch zu konstruieren.

Kapitel 9
Viele Wenig
ergeben ein Viel

Aus kleinen Teilen etwas Großes zusammensetzen – mit dieser Idee hat die Menschheit schon lange versucht, große Strukturen zu schaffen. Aus einzelnen Steinen bauen wir ein Haus, aus kleinen bunten Steinen setzen wir ein Mosaik zusammen, aus vielen kleinen Schritten und Bewegungen entsteht ein Tanz.

Erst sehr spät hat die Mathematik zum Beispiel Einteilungen einer Ebene in kleine Flächen als Thema mit eigenen Fragestellungen und einem ganz besonderen ästhetischen Reiz entdeckt.

In der Mathematik nennt man besonders regelmäßige Aufteilungen eines Ganzen in kleine Teile ein «Muster». Dieser Begriff wirkt wie eine Wünschelrute, denn man entdeckt überall Muster: in der Geometrie, bei den Zahlen und auch bei regelmäßigen Bewegungen.

44
Das Känguru-Puzzle

Auf den ersten Blick ist es erstaunlich: Mit den Känguru-Figuren, also ziemlich komplizierten Formen, soll man die Ebene komplett ausfüllen können? Nach einigen Versuchen versteht man, dass manche Kängurus nach rechts und manche nach links schauen müssen. Mit dieser Erkenntnis wird die Aufgabe viel einfacher.

In der Mathematik spricht man von einem «Parkett», wenn die Ebene durch irgendwelche Figuren lückenlos und überschneidungsfrei überdeckt wird. Unsere Umwelt ist voll von Parketten: Schachbrett und kariertes Papier sind Parkette aus Quadraten, Bienenwaben bestehen aus Sechsecken, und viele Pflasterungen in Fußgängerzonen sind Parkette, die aus zwei oder mehr Formen gebildet werden.

Johannes Kepler (1571–1630) war es, der die Parkette als Thema der Mathematik entdeckt hat. Das Erste, was er untersuchte, waren die regulärsten Parkette. Er fragte sich, welche Parkette ausschließlich aus regulären n-Ecken bestehen. Kepler fand heraus, dass nur gleichseitige Dreiecke, Quadrate oder reguläre Sechsecke sich zu solchen Parketten zusammenfügen lassen.

Das ist nicht schwer einzusehen. Warum gibt es kein Parkett, das aus regulären Fünfecken besteht? Ein reguläres Fünfeck hat an jeder Ecke einen Winkel von 108 Grad. Damit ein Parkett entsteht, müsste an jeder Ecke eine gewisse Anzahl von Fünfecken zusammenstoßen, die die Umgebung dieser Ecke vollständig überdecken. Da drei Fünfecke aber nur $3 \cdot 108 = 324$ Grad ausfüllen und vier Fünfecke schon $4 \cdot 108 = 432$ Grad benötigen, scheitert ein Parkett aus regulären Fünfecken gleich an der ersten Ecke; denn die Winkel an einer Ecke müssen sich zu exakt 360 Grad ergänzen.

Warum gibt es kein Parkett aus regulären Siebenecken, Achtecken oder, allgemein, regulären n-Ecken mit n > 6? Das ist noch einfacher zu sehen: Eine n-Eck mit n > 7 hat an jeder Ecke einen Winkel, der größer als 120 Grad ist. (Denn reguläre Sechsecke haben Innenwinkel von exakt 120 Grad, und die Innenwinkel werden mit zunehmendem n immer größer.) Daher kann man nicht einmal drei solcher n-Ecke an einer Ecke unterbringen, denn bereits dann überdecken sie einen Winkel, der größer als 360 Grad ist.

Aus einfachen Parketten, etwa Parketten aus Rechtecken oder Parallelogrammen, kann man interessante und kompliziert anmutende Parkette konstruieren. Die Grundidee ist die folgende: Schneidet man an einer Seite eines Rechtecks etwas ab und setzt dieses Teil an der anderen Seite an, erhält man wiederum eine Figur, mit der sich die Ebene parkettieren lässt.

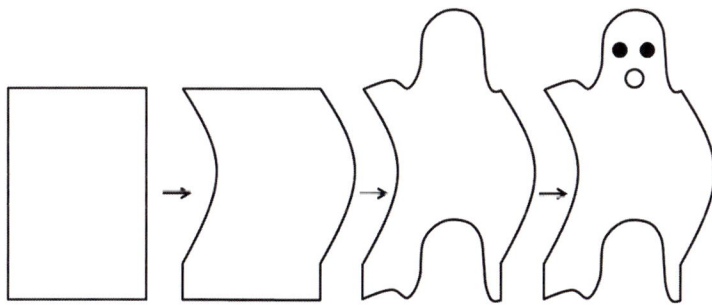

Diesen Prozess kann man wiederholen. Auf diese Weise entstehen komplizierte Figuren, mit denen man die Ebene parkettieren kann. Auch die Kängurus sind auf ähnliche Weise entstanden.

Der niederländische Künstler M. C. Escher (1898–1972) hat diese Technik perfekt beherrscht und so viele seiner faszinierenden Bilder geschaffen.

45
Wie viele Bären?

Dass man mit einem regulären Fünfeck kein Parkett legen kann, leuchtet unmittelbar ein. Aber diese unbezweifelbare Tatsache ist für Mathematiker und Künstler dennoch ein Skandal. Denn das Fünfeck wird – zu Recht – als das interessanteste Vieleck angesehen, das somit «eigentlich» alle guten Eigenschaften haben müsste.

Auch Kepler gab sich nicht damit zufrieden, dass sich reguläre Fünfecke einfach nicht zu einem Parkett fügen. In seinem 1619 erschienenen Werk «Harmonices Mundi» (Weltharmonie) entwickelte er ein Parkett, das er mit «Aa» bezeichnete und das «so weit wie möglich» aus regulären Fünfecken besteht.

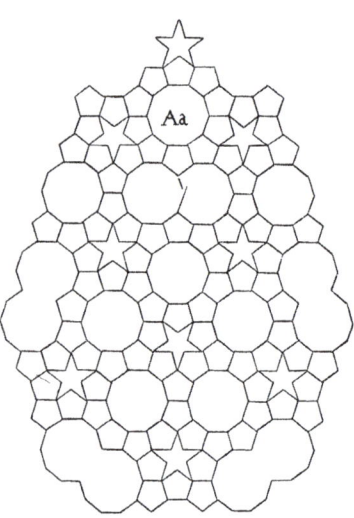

Zunächst interpretiert er die Lücke, die drei an einer Ecke zusammenstoßende Fünfecke lassen, als Zacke eines Pentagramms, also eines fünfzackigen Sterns. Von einem solchen Pentagramm geht Kepler aus und setzt um es herum einen Kranz von fünf Fünfecken; daran schließt sich ein weiterer Kranz von fünf Fünfecken an. Bald merkte er, dass es auch kein Parkett gibt, das nur aus regulären Fünfecken und Pentagrammen besteht, sondern dass bei seiner Konstruktion notwendigerweise Zehnecke entstehen. Aber damit nicht genug! Wenn man das Parkett systematisch weiterführt, treten eine Art «Blasen» auf, die jeweils eine Verschmelzung von zwei Zehnecken sind. Auf diese Weise lässt sich das Muster aber fortsetzen; es treten nun keine neuen Vielecke auf.

Das ist das komplexeste unendliche Muster, das bis zu dieser Zeit mathematisch untersucht worden war. Insbesondere ist es deutlich komplexer als Albrecht Dürers (1471–1528) Versuche, mit dem Fünfeck ein schönes Muster zu erzeugen.

Manchmal liest man, dass Kepler die zusammengefügten Zehnecke «Monster» genannt habe. Dafür findet sich aber in «Harmonices Mundi» kein Beleg. Im Gegenteil, Kepler spricht nüchtern von «zusammengefügten Zehnecken».

Das Experiment des Mathematikums besteht im Grunde aus dem Keplerschen Aa-Muster. Die kombinierten Zehnecke mit ihrer Umgebung erinnern an die Form eines Bärchens. Durch die Aufgabe, die Anzahl dieser «Bären» zu bestimmen, wird der Besucher auf die Systematik der Parkettierung geführt.

46
Das Penrose-Puzzle

Die Regeln, die vorgeben, wie man mit «gewöhnlichen» Parketten eine Ebene überdeckt, sind «globale» Regeln. «Global» bedeutet, dass man sozusagen das ganze Parkett «auf einmal» zeichnen kann. Eine ganz andere Art und Weise, ein Muster zu erzeugen, erfährt man beim Zusammensetzen des Penrose-Parketts. Dieses ist durch «lokale» Legeregeln bestimmt; entsprechend schwer tut man sich mit einer Legestrategie. Meistens ist man schon glücklich, wenn sich ein Stein irgendwo einpassen lässt.

Dabei sieht alles so einfach aus. Das Penrose-Parkett macht nämlich nicht nur den Anschein eines Puzzles – es ist ein Puzzle. Man versteht sofort, was zu tun ist: Man soll die roten und grünen Steine so aneinandersetzen, dass es passt. Da der äußere Ring fest montiert ist, besteht die Aufgabe darin, das Innere zu füllen.

Nach kurzem Nachdenken und Probieren lässt sich der erste Stein unterbringen. Doch damit ist keineswegs alles klar; und die restlichen Steine müssen nur noch nach der einmal angewendeten Regel eingesetzt werden. Nein, jeder neue Stein ist eine neue Herausforderung. Dieses Puzzle bleibt bis zum Schluss schwierig.

Hat man es geschafft, sieht man ein sehr interessantes Motiv. Ins Auge stechen die «Sterne» und «Räder». Wenn man nachzählt, bestehen diese immer aus fünf Teilen. Die «lokalen» 5er-Symmetrien sind charakteristisch für dieses Muster.

Dieses Puzzle ist ein Ausschnitt aus einem unendlich großen Penrose-Parkett, das nach dem englischen Mathematiker Sir Roger Penrose (geb. 1931) benannt ist. Beim Penrose-Parkett gibt es zwei verschiedene Sorten von Parkettsteinen, die grünen «Pfeile» und die roten «Drachen».

Viele Parkette, die uns im Alltag begegnen – zum Beispiel das Schachbrett, die Fliesen im Badezimmer oder die Bienenwaben –, lassen sich auf ganz einfache Weise konstruieren: Man geht von einem Stein aus und verschiebt diesen immer wieder in zwei Richtungen. Beim quadratischen Parkett muss man das Quadrat nur nach rechts und links sowie nach oben und unten verschieben und erhält so die gesamte Parkettierung. Bei komplexeren Parketten mit mehreren Sorten von Steinen wählt man ein kleines Muster von Steinen als Ausgangsbasis und verschiebt dieses Muster. In allen genannten Fällen funktioniert die einfache Konstruktionsmethode durch Verschieben. Man spricht von «periodischen Parketten», weil sich bei ihnen ein Grundmuster regelmäßig («periodisch») wiederholt.

Das Penrose-Parkett ist anders. Ganz anders. Keine noch so große Ansammlung von Steinen reicht, um durch Verschiebung das gesamte Parkett zu erzeugen. Man nennt solche Parkette «aperiodisch» (= nicht periodisch).

Die Pfeile und Drachen des Penrose-Parketts sind überraschenderweise eng mit dem regulären Fünfeck verwandt. Wie auf dem Bild gezeigt, werden sie aus einem regulären Fünfeck ausgeschnitten. Im Fünfeck bildet ein Drachen zusammen mit dem Pfeil eine Raute. Da man mit einer Raute eine periodische Parkettierung erhalten kann, darf man die Drachen und Pfeile nicht so aneinanderlegen, dass sie eine Raute bilden. Daher hat Roger Penrose «Legeregeln» erfunden, die den Zweck haben, periodische Strukturen zu vermeiden. Im Penrose-Puzzle des Mathematikums sind die Legeregeln durch puzzle-artige Einbuchtungen und Ausbuchtungen realisiert.

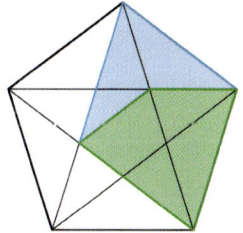

Wer findet den Fisch?

Auf dem Poster an der Wand sieht man blaue und grüne Flächen, man assoziiert unmittelbar Wasser und Seerosen. Auf den zweiten Blick erkennt man, dass das gesamte Bild als Penrose-Parkett gestaltet ist. So besteht zum Beispiel jede «Seerose» aus fünf «Drachen». Neben dem Bild hängt ein «Fisch», der ebenfalls ein Ausschnitt aus einem Penrose-Parkett ist. Die Aufgabe ist es, den Fisch im See zu finden, also jene Stelle des Bildes, wo der Fisch perfekt passt.

Es zeigt sich, dass der Fisch lediglich an einer Stelle passt, dort zwar in fünf verschiedenen Richtungen, aber eben nur an einer Stelle.

Dies ist ein Hinweis auf die Aperiodizität des Penrose-Parketts: Nicht einmal ein so komplexes Muster wie der «Fisch» kann einfach verschoben werden, um das gesamte Parkett zu erzeugen.

Zum ersten Mal wurde die Frage nach aperiodischen Parkettierungen von Hao Wang (1921–1995) im Jahr 1961 gestellt. Wang vermutete allerdings, dass es kein Set von Steinen für ausschließlich aperiodische Parkettierungen gibt.

Wangs Schüler Robert Berger widerlegte 1966 die Vermutung von Wang und zeigte die Existenz eines aperiodischen Parketts aus 20 426 verschiedenen Parkettsteinen, die er später immerhin auf 104 reduzieren konnte. Richtig populär wurden aperiodische Parkette aber erst durch die Entdeckung der Pfeile und Drachen, die Sir Roger Penrose (geb. 1931) im Jahr 1974 publizierte.

Zum Weiterdenken

Das Penrose-Parkett hat eine enge Beziehung zum goldenen Schnitt (siehe Abschnitt 64, «Der goldene Schnitt»). Das lässt sich schon daraus erkennen, dass Drachen und Pfeile aus einem regulären Fünfeck konstruiert werden, in dem der goldene Schnitt ja vielfältig auftritt. Interessanterweise ist das Verhältnis von Drachen zu Pfeilen bei einem Penrose-Parkett genau gleich dem goldenen Schnitt. Da Letzterer eine irrationale Zahl ist, folgt daraus die Aperiodizität des Penrose-Parketts.

Ob es einen einzelnen Stein gibt, mit dem sich ausschließlich aperiodische Parkette legen lassen, ist ein bis heute offenes Problem. Eine große Bedeutung erhielten die Penrose-Parkette bei der Untersuchung der sogenannten Quasikristalle, die Mitte der Achtzigerjahre des 20. Jahrhunderts von Daniel Shechtman (geb. 1941) entdeckt wurden, der dafür im Jahre 2011 mit dem Nobelpreis für Chemie ausgezeichnet wurde. Schneidet man einen Quasikristall auf geeignete Weise durch, sieht man auf der Schnittfläche ein Penrose-Parkett.

Quadrate beziehungsweise Rechtecke passen perfekt aneinander; sowohl mit gleich großen Quadraten als auch mit kongruenten (d.h. «gleichen») Rechtecken lässt sich eine Ebene vollständig überdecken.

Mit Kreisen geht das nicht. Egal, wie man Kreise anordnet, es bleiben Lücken. Deshalb stellt sich *nur* die Frage, wie man Kreise möglichst dicht packen kann. Mathematiker interessieren sich dafür, wie man eine Menge gleich großer Kreisscheiben so in der Ebene platzieren kann, dass diese Kreisscheiben sich nicht überlappen, aber insgesamt möglichst wenig Zwischenraum frei lassen.

Wie das geht, weiß im Grunde jedes Kind. Wenn man um einen Kreis sechs gleich große Kreise herumlegt, dann «passt es genau», das heißt, jeder dieser sechs Kreise berührt nicht nur den inneren Kreis, sondern auch seine beiden Nachbarn. Man kann dieses Verfahren fortführen und kommt dadurch zu einem wunderbaren Muster.

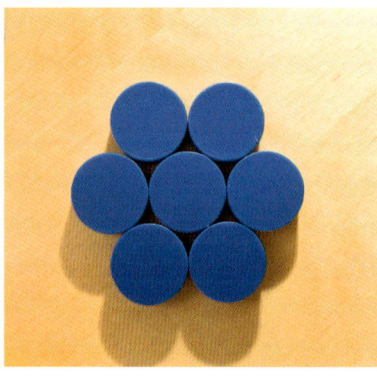

Zieht man zwischen je zwei einander benachbarten Kreise mittels eines Striches eine Grenze, entsteht ein Sechseckmuster. Deshalb spricht man auch von der «hexagonalen Packung» (Sechseckpackung) von Kreisen. Die Dichte der hexagonalen Packung ist beeindruckend: Über 90 Prozent der Fläche werden von den Kreisen überdeckt, genau gesagt ein Anteil von $\pi/(2\sqrt{3})$.

Der italienische Mathematiker Joseph-Louis Lagrange (1736–1813) konnte 1773 beweisen, dass unter allen «regelmäßigen» Kreispackungen (mathematisch sagt man dazu «Gitterpackungen») die hexagonale Packung die dichteste ist. Es hätte aber immer noch sein können, dass es unregelmäßige Packungen mit größerer Dichte gibt. Dass das nicht so ist, dass also die Sechseckpackung die dichteste Kreispackung ist, dazu lieferte zuerst der norwegische Mathematiker Axel Thue (1863–1922) im Jahr 1892 eine Beweisskizze. Die ersten vollständigen Beweise wurden 1939 durch den amerikanischen Mathematiker Richard Kershner, 1940 durch seinen ungarischen Kollegen László Fejes Tóth und 1944 durch den italienischen Mathematiker Beniamino Segre und seinen deutschen Kollegen Kurt Mahler erbracht.

All diese Ergebnisse beziehen sich auf «infinite» Kreispackungen, also Packungen der gesamten Ebene oder jedenfalls so großer Gebiete, dass die Randeffekte keine Rolle spielen. In beschränkten Gebieten gibt es weniger Freiheit. Daher unterliegen Kreispackungen in beschränkten Gebieten auch erheblichen Einschränkungen. Manchmal «passt» die äußere Form hundertprozentig (nämlich dann, wenn sie sich in das Muster der hexagonalen Packung einpasst), aber eine winzige Änderung kann zu einer völlig andersartigen Anordnung der Kreisscheiben führen.

Das Experiment zeigt dieses Phänomen: Sechs Kreisscheiben passen eng zusammen, während ein Dreieck, das sieben Kreisscheiben fassen soll, viel größer sein muss; die Packung ist entsprechend unregelmäßig. Das gleiche Phänomen zeigt sich auch beim Übergang von acht zu mehr Kreisscheiben. Für acht Kreisscheiben benötigt man ein relativ großes Dreieck, während ein winziger

Zuwachs an Größe ausreicht, um in einem Dreieck nicht nur neun, sondern sogar zehn Scheiben unterzubringen.

Bienenwaben

Die hexagonale Kreispackung erinnert an Bienenwaben. In der Tat geht es bei den Bienenwaben darum, Kreise möglichst dicht zu packen. Die Bienen verwenden die Waben nämlich nicht nur für den Honig, sondern auch zur Aufzucht der jungen Bienen. Die Larven sehen von oben betrachtet kreisförmig aus. Es geht also darum, Zellen zu produzieren, die möglichst große Kreisscheiben fassen. Unter den regulären Parketten (aus Dreiecken, Quadraten beziehungsweise Sechsecken) ist das Sechseckparkett eindeutig das beste. Auch die Herstellung der Waben basiert auf Kreisen. Die Bienen drehen sich schnell um sich selbst und erzeugen dabei Wärme. Diese macht das Wachs weich, und so entstehen Kreise. Die Kreise werden dicht an dicht gepackt, wodurch sie sich zu einer hexagonalen Packung zusammenfügen.

Zum Weiterdenken: Das Keplerproblem

Im Jahr 1611 veröffentlichte Johannes Kepler eine kleine Schrift mit dem Titel «Über den sechseckigen Schnee». Darin geht er von den sechseckigen Verzweigungen der Schneekristalle aus, kommt aber schnell auf Kreis- und Kugelpackungen zu sprechen. Kepler beschreibt eine besonders schöne Kugelpackung. Diese kann man sich in Schichten vorstellen: Die unterste Schicht besteht aus einer hexagonalen Packung aus Kugeln. In die Kuhlen der ersten Schicht legt man wiederum Kugeln; so ergibt sich erneut eine hexagonale Schicht, die allerdings gegenüber der untersten verschoben ist. In die Kuhlen der zweiten Schicht legt man wiederum Kugeln, die eine hexagonale Schicht bilden. Und so weiter.

Diese Packung hat eine Dichte von über 74 Prozent; genau gesagt, einen Anteil von $\pi/(3\sqrt{2})$. Die Kepler-Vermutung lautet: Es gibt keine dichtere Kugelpackung! (Man kann diese Vermutung sogar auf

Sir Walter Raleigh (1552–1618) zurückführen. Dieser stellte nämlich die Frage, wie man in einem Schiff Kanonenkugeln so dicht wie möglich stapeln kann.)

Die Keplersche Vermutung war schwierig zu beweisen. Carl Friedrich Gauß (1777–1855) hat es 1831 geschafft, allerdings unter der Voraussetzung, dass es sich um eine gitterförmige («regelmäßige») Packung handelt. Erst 1998 veröffentlichte der amerikanische Mathematiker Thomas Hales (geb. 1958) eine Ankündigung für einen vollständigen Beweis. Dieser Beweis ist allerdings außerordentlich komplex: er besteht aus einem großen theoretischen Teil und einem umfangreichen Computerprogramm. Sechzehn Jahre später, im Jahr 2014, wurde der Beweis für beendet erklärt.

48
Schwingende Kugeln

Zu Beginn der 1580er Jahre hat Galileo Galilei (1564–1642) das Pendelgesetz entdeckt. Auf die Idee, dass die Bewegung eines Pendels gesetzmäßig verläuft, kam er angeblich, als er im Dom zu Pisa die schwingenden Kronleuchter aufmerksam beobachtete.

Das Pendelgesetz sagt zunächst, dass die Schwingungsdauer eines Pendels nur von der Länge abhängt, nicht vom Gewicht. Schon längst vor Galilei war bekannt, dass ein langes Pendel langsamer schwingt als ein kurzes. Galilei hat dieser Beobachtung eine quantitative Form gegeben: Die Schwingungsdauer ist direkt abhängig («proportional») von der Wurzel aus der Länge des Pendels. Das bedeutet: Wenn man die Länge eines Pendels vervierfacht, verdoppelt sich die Schwingungsdauer. In präziser mathematischer Sprache lautet die Formel für die Schwingungsdauer $t = 2\pi\sqrt{l/g}$, wobei l die Pendellänge und g die «Erdbeschleunigung» ist.

Das Experiment im Mathematikum besteht aus 13 Pendeln unterschiedlicher Länge, die ihrer Länge nach angeordnet sind. Man kann alle gleichzeitig anstoßen und dann schwingen lassen. Obwohl jedes Pendel unbeeinflusst von den anderen schwingt, ergeben sich insgesamt eindrückliche Muster: Es beginnt mit einer sinusartigen Welle, die sich bald auflöst;

nach einer gewissen Zeit schwingt die eine Hälfte der Kugel in einer Linie gegen die andere Hälfte der Kugeln. Dann entsteht wieder scheinbare Unordnung, bis sich abermals eine Welle einstellt und schließlich alle Kugeln wieder in einer Linie zusammenkommen.

Manchmal erkennen wir in den schwingenden Kugeln ein Muster. Aber auch in den Momenten, in denen wir keine Ordnung sehen, ist sie vorhanden – nur eben nicht sichtbar für das menschliche Auge.

Zum Weiterdenken

Die Pendellängen sind so berechnet, dass sich die Kugeln nach einer gewissen Zeit gleichzeitig wieder in der Ausgangslage befinden. Das ist das Geheimnis des Designs dieses Experiments. Genauer gesagt verhält es sich so: Wenn das längste Pendel 20-mal schwingt, schwingt das zweitlängste 21-mal, das nächste 22-mal und so weiter bis zum kürzesten; dieses schwingt in dieser Zeit genau 32-mal. Die Zeit, welche die Pendel dafür brauchen, beträgt jeweils eine Minute.

Innerhalb einer Minute führt das längste Pendel also 20 «Doppelschwingungen» aus, das heißt, es schwingt 20-mal nach hinten bis zum Umkehrpunkt und dann jeweils wieder zurück.

Wir überlegen uns nun, wo sich die Pendel nach einer halben Minute befinden.

Das längste Pendel hat in dieser Zeit zehn Doppelschwingungen absolviert und befindet sich wieder am Ausgangspunkt.

Das zweitlängste Pendel führt in einer Minute 21 Doppelschwingungen aus. Nach der Hälfte der Zeit hat es also 10,5 Doppelschwingungen durchgeführt, das heißt zehn und eine halbe. Daher befindet sich die Kugel genau am hinteren Umkehrpunkt.

Das lässt sich auf die anderen Pendel übertragen. Nach der Hälfte der Zeit sehen wir folgende Situation: Die Pendel mit 20, 22, 24, 26 28, 30 und 32 Schwingungen sind in diesem Moment am Ausgangspunkt, die Pendel mit 21, 23, 25, 27, 29 und 31 Schwingungen befinden sich am Umkehrpunkt: Man sieht zwei sich gegenüberstehende Linien.

Entsprechend kann man sich fragen: Wo ist die Position der Kugeln nach einer Viertelminute? Mit ähnlichen Überlegungen bekommt man Folgendes heraus:

- Die Kugeln mit 20, 24, 28, 32 Schwingungen befinden sich am Ausgangspunkt.
- Die Kugeln mit 22, 26, 30 Schwingungen befinden sich am Umkehrpunkt.
- Die Kugeln mit 21, 23, 25, 27, 29, 31 Schwingungen befinden sich genau in der Mitte zwischen Ausgangspunkt und Umkehrpunkt. Denn die Kugel mit 21 Schwingungen hat in einem Viertel der Zeit fünf Doppelschwingungen und eine Viertel-Doppelschwingung zurückgelegt und befindet sich deshalb genau auf dem halben Weg zum Umkehrpunkt. Auch die Kugel mit 23 Schwingungen befindet sich in der Mitte, denn sie hat fünf vollständige Doppelschwingungen und eine 3/4-Doppelschwingung ausgeführt.

So lässt sich prinzipiell für jeden Zeitpunkt bestimmen, in welcher Position sich die Pendel befinden.

Ordnet man die Pendel so an wie in diesem Experiment und beachtet das Pendelgesetz (Schwingungsdauer ist proportional zur Wurzel aus der Pendellänge), dann liegen die Aufhängepunkte der Pendel auf einer Hyperbel; diese ist durch die gelbe Markierung hervorgehoben.

49
Das verschwundene Kind

Auf diesem Bild tummeln sich viele Kinder. Alle sind eifrig damit beschäftigt, Experimente aus dem Mathematikum durchzuführen. Insgesamt zählt man 16 Kinder.

Die obere Hälfte des Bildes besteht aus zwei losen Teilen. Wenn man diese vertauscht, erkennt man wieder viele Kinder, die fröhlich experimentieren – aber wenn man nachzählt, sind es nur noch 15. Tauscht man die oberen Teile zurück, sieht man wieder 16 Kinder.

Wo bleibt das 16. Kind? Wo geht es hin? Wo kommt es her?

Dies ist eines der verblüffendsten Experimente im Mathematikum. Jeder Besucher fragt sich: Wie kann das sein?

Zunächst beobachten wir genau, was passiert. Die waagerechte Linie, an der die oberen Teile beginnen, schneidet viele Gesichter entzwei. In der Version mit 15 Kindern sind alle Gesichter rund und vollständig. In der Version mit 16 Kindern verlieren die Gesichter hingegen an Höhe. Das Mädchen links, das das Dreieck in der Hand hält, hat keine Nase mehr, und dem Jungen an der Leonardo-Brücke fehlen die Augen. Bei dem Jungen mit den Gleichdicks fehlt fast der gesamte Schädel, und das Mädchen, das als zweites von rechts zu sehen ist, ist dramatisch geschrumpft. Dem Mädchen, das auf dem Zahlenband steht, wurde der obere Teil des Kopfes abgeschnitten, und das Kind vor dem Drehspiegel hat den unteren Teil seines Kleides verloren. Kurz: Allen 15 Kindern wird etwas weggenommen – nur der Junge in der Riesenseifenhaut bleibt, wie er ist.

Was bleibt gleich? Die Experimente sind vor und nach dem Vertauschen die gleichen. Also bleiben auch die Kinder an den Experimenten der Anzahl nach erhalten – sie schrumpfen nur ein bisschen. Bei den Kindern, die nur zuschauen, tut sich aber etwas. In der Version mit 15 Kindern gibt es zwei Zuschauer: das Kind links mit dem längs gestreiften Rock und den Zuschauer der Riesenseifenhaut. Bei der Version mit 16 Kindern ist hingegen eine Zuschauerin hinzugekommen, nämlich das kleine Mädchen rechts. Es ist zusammengesetzt aus dem Kopf des Jungen mit dem Würfel und dem Körper des Mädchens, das den Fisch hält.

Der Erste, der die geniale Idee für ein solches Experiment hatte, war der Amerikaner Sam Loyd (1841–1911), einer der besten Rätselerfinder aller Zeiten. Im Jahr 1896 veröffentlichte er das Puzzle unter dem Namen «Get Off the Earth», das eines der erfolgreichsten Puzzles aller Zeiten werden sollte. Es wurde über 10 Millionen Mal verkauft.

Das Originalpuzzle ist eine Kreisscheibe, die im Innern aus einer drehbaren kleineren Scheibe besteht, an die sich außen ein Ring anschließt. Man sieht 13 im Kreis angeordnete chinesische Krieger. Ein Teil eines jeden Kriegers befindet sich auf der inneren Kreisscheibe, der andere Teil außen auf dem Ring. Das Verstörende und gleichzeitig Faszinierende dieses Puzzles besteht in folgendem Effekt: Dreht man die Scheibe ein Stückchen, entstehen wieder chinesische Krieger, aber statt 13 zählt man jetzt nur noch 12.

Natürlich stellt sich auch hier die Frage: Wo ist der verschwundene Krieger? Wie heute im Mathematikum sind auch damals viele Menschen über dieser Frage schier verzweifelt. Sam Loyd berichtet von seinen eigenen Erfahrungen: *Scientists tried it without success, and indeed no single absolutely correct analysis was ever submitted.*

Das mathematische Prinzip, auf der diese Täuschung beruht, ist im Grunde einfach. Wir vereinfachen die Situation des Experiments aus dem Mathematikum und malen statt der Kinder nur Linien. Außerdem verringern wir die Anzahl der Kinder beziehungsweise Linien von 15 auf sechs. Auf der Grafik sehen wir sechs Striche. Vertauscht man die oberen Teile, sind aus den sechs Linien fünf geworden – die aber alle ein bisschen länger sind.

Aus sechs Linien ...

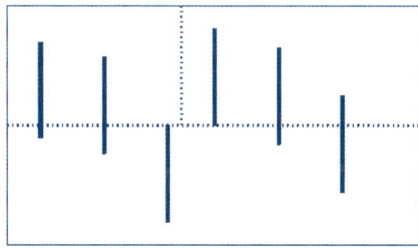

... werden fünf Linien.

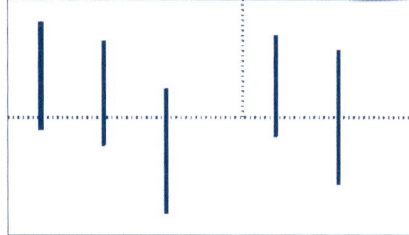

Zum Weiterdenken

Das Experiment hat aber noch einen weiteren Aspekt, und dieser hat mit unserer Wahrnehmung zu tun. Warum akzeptieren wir die Zeichnungen als Kinder, selbst wenn diese aufgrund fehlender oder seltsam geformter Augen, Nasen oder Köpfe eigentlich nicht aussehen wie Menschen? Warum schauen wir nicht genauer hin?

Dies liegt daran, dass wir ein bekanntes Objekt, zum Beispiel einen Menschen oder ein Tier, nicht dadurch erkennen, dass wir es Pixel für Pixel abscannen, sondern dass wir dieses Objekt in ein gespeichertes Muster einordnen. Banal gesagt: Wir schauen gar nicht genau hin, sondern wenn etwas «so ungefähr» wie ein Kind aussieht, dann «weiß» unser Gehirn bereits: Ja, das ist ein Kind.

Kapitel 10
Körper mit Ecken und Kanten

Was für die Ebene Dreiecke und Vierecke sind, sind für die räumliche Geometrie Pyramiden und Würfel: Grundbausteine. Pyramiden und Würfel spielen nicht nur beim Bauen von Gebäuden eine grundlegende Rolle, sondern wurden in der Mathematik von Anfang an theoretisch untersucht. Und nicht zuletzt haben sie auch eine starke ästhetische Ausstrahlung.

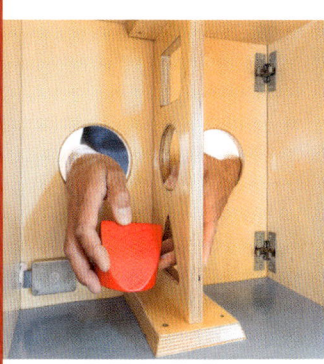

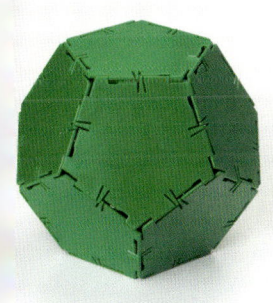

50
Die Kugelpyramide

Pyramiden gehören zu den ältesten erhaltenen Bauwerken der Menschheit. Berühmt sind die ägyptischen Pyramiden, aber die Pyramiden der Maya und Azteken sind nicht minder eindrücklich. In diesen Fällen handelt es sich um Pyramiden mit einem Quadrat als Grundfläche. In der Mathematik hingegen sind die «dreiseitigen» Pyramiden, also diejenigen mit einer dreiecksförmigen Grundfläche, noch wichtiger. Zusammen mit der Grundfläche haben sie insgesamt vier Seitenflächen und werden deshalb Tetraeder («Vierflächner») genannt. Beim regulären Tetraeder sind die Seitenflächen gleichseitige Dreiecke.

Der Tetraeder ist der kleinste der sogenannten platonischen Körper. Die anderen sind Hexaeder (= Würfel), Oktaeder, Ikosaeder und Dodekaeder.

Ein Tetraeder hat vier Seitenflächen, vier Ecken und sechs Kanten. Die Kanten tauchen in Paaren auf: Je zwei Kanten, die keine Ecke gemeinsam haben, bilden ein Paar. Je zwei solcher «gegenüberliegenden» Kanten enthalten also alle vier Ecken. Zum Beispiel könnte eine der beiden Kanten die Ecke vorne und die Ecke hinten links verbinden, die andere Kante hingegen die Ecken rechts und oben.

Die Kugelpyramide ist ein Puzzle-Klassiker. Man hat zwei mal zwei Teile, einerseits zwei Teile aus vier Kugeln, die in einer Reihe aufgereiht sind, und andererseits zwei Teile aus sechs Kugeln, die zu einem 3×2-Rechteck zusammengefügt sind. Aus diesen vier Teilen, die insgesamt 20 Kugeln umfassen, soll eine Pyramide, genauer gesagt ein Tetraeder zusammengesetzt werden.

Zur Lösung dieses Puzzles hilft die Vorstellung der gegenüberliegenden Kanten. Die beiden «Stangen» aus je vier Kugeln bilden nämlich die gegenüberliegenden Kanten des Tetraeders. Man legt also eine der beiden Stangen vor sich hin und stellt sich vor, dass diese die Ecke vorne mit der Ecke hinten links verbindet. Dann hält man die andere Stange so, dass diese die Ecke rechts mit der Spitze verbindet. Zwischen diesen beiden Stangen muss man dann «nur noch» die restlichen Kugeln unterbringen.

Man könnte auch so vorgehen, dass man die Bodenfläche des Tetraeders mit Linien aus vier, drei, zwei und einer Kugel aufbaut: Man beginnt also damit, eine «Stange» auf den Tisch zu legen. Daneben kommt dann ein 3×2-Teil mit der 3er-Kante nach unten, dem folgt das andere 3×2-Teil, diesmal mit der 2er-Kante unten. Den Abschluss bildet eine aufrecht stehende Stange.

Dieses Puzzle gibt es auch eine Stufe kleiner: zwei Stangen mit drei Kugeln und ein 2×2-Quadrat. Das Prinzip ist das gleiche, aber auch dieses Puzzle ist knifflig.

Zum Weiterdenken: Pyramidenzahlen

Schon in der Antike wurden «Pyramidenzahlen» betrachtet. Das sind die Anzahlen der Kugeln, die man braucht, um tetraederförmige Kugelpyramiden zusammenzusetzen. Für eine Pyramide, deren Kante aus drei Kugeln besteht, braucht man zehn Kugeln, und bei der Kantenlänge vier werden 20 Kugeln benötigt. Allgemein kann man nach der Anzahl p_n der Kugeln fragen, die eine Pyramide enthält, wenn eine Kante genau n Kugeln hat. Die ersten Werte sind $p_1 = 1$, $p_2 = 4$, $p_3 = 10$, $p_4 = 20$. Im Allgemeinen entsteht p_n aus p_{n-1}, indem man an der entsprechenden Pyramide eine zusätzliche Basisschicht von Kugeln hinzufügt. Mit dieser Beobachtung kann man beweisen, dass stets $p_n = n(n+1)(n+2)/6$ gilt.

51
Die Pyramiden

Dass man für ein herausforderndes Knobelspiel nur zwei Teile benötigt, ist kaum zu glauben. Jeder ist überzeugt, dass man zwei Teile entweder «auf Anhieb» oder schlimmstenfalls durch systematisches Probieren richtig zusammenfügen kann. Aber so ist es nicht immer, manchmal braucht man eine zündende Idee.

Aus zwei identischen Teilen soll eine Pyramide entstehen. Die Teile sind einfach zu beschreiben: Sie haben jeweils zwei Spitzen, ihre Seitenflächen sind zwei Dreiecke, zwei Trapeze und ein Quadrat. Aus diesen beiden blauen Teilen soll eine Pyramide zusammengesetzt werden, und zwar eine dreiseitige Pyramide, ein Tetraeder.

Nach einigen Fehlversuchen wird man darauf kommen, dass die beiden Quadrate stören. Denn diese haben jeweils vier rechte Winkel – aber bei einem Tetraeder kommen an der Oberfläche weder Quadrate noch rechte Winkel vor. Also müssen die Quadrate zum Verschwinden gebracht werden. Das geht bei zwei Teilen nur auf die Art und Weise, dass man die Quadrate aufeinanderlegt. Wenn man das «symmetrisch» macht, ergibt sich schließlich die Pyramide, indem man ein Teil noch um 90 Grad dreht.

Wir betrachten das Ergebnis genauer. Wenn der zusammengesetzte Tetraeder auf einer Grundfläche steht, ist nicht unmittelbar einsichtig, wie der Schnitt entsteht, der die beiden Hälften trennt. Wenn man die Pyramide aber auf eine Kante stellt, sieht man, dass der Schnitt auf halber Höhe waagerecht verläuft.

Die 4er-Pyramide

Die weitergehende Aufgabe, eine Pyramide aus vier gleichen roten Teilen zusammenzusetzen, lässt sich auf die vorige zurückführen. Aus zwei «roten» Teilen lässt sich nämlich ein «blaues» bilden. Jedes rote Teil hat als Seitenflächen eine Raute, ein gleichseitiges Dreieck und zwei längliche Dreiecke. Wenn man zwei dieser länglichen Dreiecke aufeinanderlegt, erhält man ein Teil, das genau die Form eines blauen Teils hat.

Und diese zusammengesetzten Teile lassen sich dann so zusammenfügen wie bei der 2er-Pyramide.

Zum Weiterdenken

Welche Schnittflächen erhält man, wenn man ein Tetraeder mit einem ebenen Schnitt durchschneidet? Es gibt mehrere Möglichkeiten. Schneidet man eine Spitze mehr oder weniger gerade ab, dann ergibt sich als Schnittfläche ein mehr oder weniger gleichseitiges Dreieck.

Frage: Kann man auch ein Viereck erhalten?

Wenn ein Viereck entstehen soll, muss der Schnitt jede der vier Seitenflächen erfassen. Er muss den Tetraeder also vorne und hinten, oben und unten durchschneiden.

Sie können das selbst an einem Tetraeder ausprobieren, indem Sie den Schnitt entweder mit Bleistift anzeichnen oder ihn mit einem Gummiring andeuten. Sie können sich aber auch das Experiment der 2er-Pyramide noch einmal vor Augen führen. Die Fläche, an der sich die beiden Teile berühren, ist nämlich genau ein Quadrat.

52
Platonische Körper

Die platonischen Körper sind die regelmäßigsten Polyeder, das heißt die regelmäßigsten Körper, die durch Ecken, Kanten und Flächen begrenzt sind. Sie haben seit Jahrtausenden die Menschen, insbesondere Mathematiker und Künstler, fasziniert.

Der bekannteste platonische Körper ist der Würfel, den, wie jeden platonischen Körper, zwei Regularitätsaspekte auszeichnen.

1. Regularität der Flächen: Beim Würfel ist jede Fläche ein Quadrat; im Allgemeinen fordert man, dass jede Fläche ein reguläres n-Eck ist.
2. Regularität der Ecken: Beim Würfel stoßen an jeder Ecke genau drei Flächen zusammen. Im Allgemeinen fordert man, dass an jeder Ecke die gleiche Anzahl von Flächen zusammenstoßen.

Man nennt einen Körper «regulär», wenn er diese beiden Regularitätsbedingungen erfüllt und er zudem «konvex» ist, das heißt, dass er keine Einbuchtungen nach innen und keine Spitzen nach außen hat.

In der folgenden Tabelle werden fünf Beispiele von regulären Körpern, die sogenannten platonischen Körper, vorgestellt:

Name	Gestalt	Gestalt der Seiten	Anzahl der Flächen pro Ecke	Gesamt-anzahl der Flächen
Tetraeder		Dreiecke	3	4
Würfel (Hexaeder)		Quadrate	3	6
Oktaeder		Dreiecke	4	8
Ikosaeder		Dreiecke	5	20
Dodekaeder		Fünfecke	3	12

Der antike Philosoph Platon (428/427–348/347 v. Chr.) hat sich eingehend mit diesen Körpern beschäftigt. Daher haben diese Körper auch die Bezeichnung «platonische Körper» erhalten.

In seinem Dialog «Timaios» thematisiert Platon die Bedeutung der platonischen Körper bei der Entstehung des Kosmos. Weiterhin setzt Platon die fünf platonischen Körper mit den vier antiken «Elementen» (Feuer,

Wasser, Luft und Erde) in Verbindung. Dem Tetraeder, dem spitzesten und damit beweglichsten Körper, ordnete er das Feuer zu. Der Würfel ist der solideste, unbeweglichste Körper; daher entspricht er der Erde. Das Oktaeder, der zweitbeweglichste Körper, gehört zur Luft und das Ikosaeder schließlich zum Wasser.

Das Dodekaeder fällt aus dieser Aufzählung zunächst heraus, es wird aber von Platon mit besonderer Bedeutung versehen: Er weist diesem Körper die «quinta essentia» zu, das «geistige Element» oder den «Himmelsäther», mit anderen Worten das gesamte Universum.

Berühmt geworden ist die Darstellung der platonischen Körper mit den zugehörigen Elementen in Johannes Keplers Buch «Harmonices Mundi» von 1619:

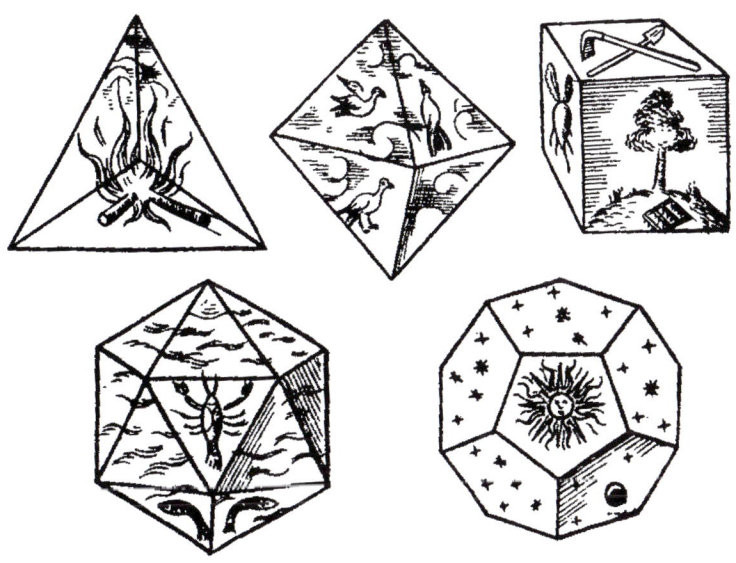

Der Satz von Theaitet

Einer der ersten Sätze der Mathematik ist die Klassifikation der platonischen Körper. Rein aus den Eigenschaften der Regularität kann man ableiten, dass es nur fünf reguläre Körper gibt, nämlich die oben betrachteten Körper.

Dies ist der Inhalt des Satzes von Theaitet: Jeder reguläre Körper ist einer der fünf platonischen Körper, also ein Tetraeder, ein Würfel, ein Oktaeder, ein Ikosaeder oder ein Dodekaeder.

Theaitet (ca. 415–369 v. Chr.) war einer der bedeutendsten Mathematiker der Antike. Seine wissenschaftlichen Erkenntnisse flossen in die «Elemente» des Euklid ein. Er war Schüler und Freund von Platon und hatte vermutlich großen Einfluss darauf, dass die Mathematik in Platons Philosophie eine so große Rolle spielt.

Die Aussage des Satzes von Theaitet ist leicht einzusehen. Stellen wir uns zum Beispiel einen regulären Körper vor, der aus Quadraten zusammengesetzt ist. Da ein Quadrat an jeder Ecke einen Winkel von 90 Grad hat, passen an einer Ecke eines hypothetischen regulären Körpers genau drei Quadrate zusammen, denn zwei bilden noch keine Ecke und vier bilden zusammen 360 Grad und würden wegen der Konvexität eine Ebene bilden. Setzt man hingegen drei Quadrate zusammen, ergibt sich eine Ecke wie bei einem Würfel. An Ecken, an denen der Körper noch nicht geschlossen ist, kann man bis zu drei Quadrate ergänzen; insgesamt ergibt sich so ein geschlossener Körper.

Mit ähnlichen Argumenten kann man auch die anderen Fälle behandeln.

Römisches Dodekaeder

Ein ausgesprochenes Schmuckstück des Mathematikums ist ein antiker Körper, der einen Durchmesser von nur etwa 5 cm hat.

Seine Seitenflächen sind regelmäßige Fünfecke, also muss es sich um ein Dodekaeder handeln. Man hat über 100 solche «römischen Dodekaeder» gefunden, die meisten davon in Deutschland und Frankreich, einige aber auch in England und Ungarn. Sie stammen aus dem 2. oder 3. Jahrhundert nach Christus. Es handelt sich um außerordentlich kunstvoll gefertigte Objekte. Aus jeder Fläche ist ein sehr präzise gefertigter Kreis ausgeschnitten und an jeder Ecke sitzt eine kleine Kugel. Diese Objekte müssen schon in der Antike sehr wertvoll gewesen sein.

Es gibt eine Reihe von Vorstellungen zur Verwendung dieser kleinen Dodekaeder, aber im Grunde tappt man bei der Frage nach ihrem Zweck noch im Dunkeln.

53
Tetraeder im Würfel

Jeder einzelne platonische Körper ist ein wunderbares Objekt, aus dessen Betrachtung man vielfältige mathematische Erkenntnisse gewinnen kann. Besonders bemerkenswert ist allerdings, dass die platonischen Körper auch untereinander in vielfältiger Beziehung stehen, was sie unter ganz neuen Aspekten erscheinen lässt. Wir zeigen zunächst nur eine Beziehung: die zwischen Würfel und Tetraeder.

Vor uns steht ein Glaswürfel, der oben offen ist. In diesen soll ein vergleichsweise großer Tetraeder eingefügt werden. Zunächst wird man vermutlich scheitern. Man kann auf die richtige Lösung kommen, indem man die erfolglosen Versuche beschreibt. Mit der Spitze nach unten geht es nicht, und auch mit einer Seitenfläche nach unten funktioniert es nicht. Neben Ecken und Flächen hat ein Tetraeder aber auch Kanten – man könnte ja probieren, eine Kante nach unten zu drücken. Hält man eine Kante des Tetraeders genau auf die Diagonale des oberen Quadrats des Würfels, dann «fällt» der Tetraeder fast von alleine in den Würfel.

Schaut man das Ergebnis genau an, bemerkt man interessante Beziehungen. An jeder Fläche des Würfels liegt genau eine Kante des Tetraeders. Klar, ein Tetraeder hat sechs Kanten und der Würfel sechs Seiten. Das Experiment zeigt, dass diese Beziehung zwischen den Kanten des Tetraeders und den Flächen des Würfels geometrisch-inhaltlicher Natur ist und viel mehr besagt, als dass beide Zahlen gleich 6 sind.

Die vier Ecken des Tetraeders nehmen nur vier Ecken des Würfels in Beschlag, es gibt also noch vier «freie» Ecken. Nimmt man den Tetraeder heraus, dreht ihn um 90 Grad und setzt ihn dann wieder ein, dann berührt er die vier vorher «freien» Ecken.

Die beiden Tetraeder zusammen bilden den sogenannten Kepler-Stern, einen Stern, den Johannes Kepler entdeckt und «stella octangula» (achteckiger Stern) genannt hat.

Welcher Anteil des Würfelvolumens wird von dem Tetraeder eingenommen? Diese Frage beantwortet man am besten, indem man den Anteil des Würfelvolumens ausrechnet, der außerhalb des Tetraeders liegt.

Dieser Teil besteht aus vier «Ecken»; jede davon ist eine – unregelmäßige – Pyramide. Man kann sich eine Pyramide so vorstellen, dass ihre Grundseite eine halbe Quadratseite ist, also den Flächeninhalt $a^2/2$ hat (wenn wir die Kantenlänge des Würfels mit a bezeichnen). Die Höhe der Pyramide ist dann a.

Das Volumen einer Pyramide ist $1/3$ mal Grundfläche mal Höhe. Also ist das Volumen unserer Pyramide gleich $1/3 \cdot a^2/2 \cdot a = a^3/6$.

Da es vier solche Pyramiden gibt, ist deren Gesamtvolumen $4 \cdot a^3/6 = 2/3 \cdot a^3$. Für den Tetraeder bleibt dann noch der Rest, also $a^3 - 2/3 \cdot a^3 = 1/3 \cdot a^3$. Also nimmt der Tetraeder genau ein Drittel des Würfelvolumens ein.

Das *Ikosaeder* hat eine interessante Eigenschaft. Seine zwölf Ecken lassen sich so in drei Gruppen zu je vier Ecken aufteilen, dass die Ecken jeder Gruppe ein Rechteck bilden. Das Ikosaeder kann also aus drei Rechtecken aufgebaut werden. Diese Rechtecke stehen senkrecht aufeinander und sind sogenannte goldene Rechtecke, also solche, bei denen das Verhältnis der Längen der langen und der kurzen Kante gleich dem goldenen Schnitt (also etwa 1,6) ist.

Bei dem Exponat im Mathematikum lassen sich drei Rechtecke so ineinanderschieben, dass die Ecken eines Ikosaeders entstehen. Dass die durch die Ecken gebildeten Dreiecke gleichseitig sind, kann man überprüfen, indem man die Konstruktion auf ein Dreieck auf der Grundplatte stellt. Die Ecken eines jeden Dreiecks sind unterschiedlich gefärbt, das bedeutet, dass jedes Dreieck eine rote, eine gelbe und eine blaue Ecke hat.

54
Formen fühlen

Dass ein Objekt von vorne, von der Seite und von oben unterschiedlich aussieht, ist nichts Ungewöhnliches. Aber in der Regel können wir uns von einem Objekt aus jeder Perspektive ein Bild machen. Manche Körper zeigen allerdings so unterschiedliche Ansichten aus den drei Koordinatenrichtungen, dass man sich kaum vorstellen kann, dass diese zum selben Körper gehören.

Beim Experiment «Formen fühlen» fasst man mit seinen Händen in die Löcher eines nicht einsehbaren Kastens. Dort ertastet man unwillkürlich einen mathematischen Körper. Dieser ist so merkwürdig, dass man durch das reine Begreifen mit den Händen noch keine Vorstellung davon entwickeln kann, wie dieser Körper wirklich aussieht. Richtig eckig ist er nicht, richtig rund aber auch nicht.

Der Körper hat eine kreisrunde Seite. Stellt man ihn auf diese Seite und schaut ihn von seiner schmalsten Seite aus an, sieht er so ähnlich wie ein Capri-Sonne-Trinkpäckchen aus. Das bedeutet, dass der Körper – in dieser Lage – von vorne gesehen wie ein Dreieck aussieht. Von rechts und links zeigt er seine Quadratflächen.

Die Aufgabe besteht darin, diesen Körper durch Löcher bestimmter Formen zu stecken. Man kann auch die Löcher fühlen. Eines ist kreisförmig, das nächste quadratisch und das dritte dreieckig. Diese Aufgabe ist nicht einfach, denn der Körper passt nur in einer bestimmten Position durch das entsprechende Loch.

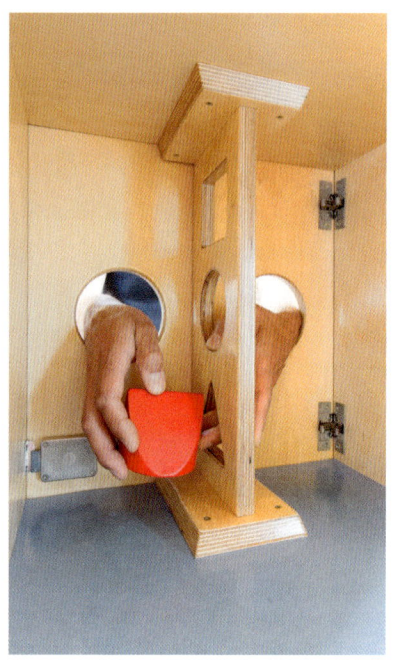

Das Experiment ist so aufgebaut, dass man von der anderen Seite hineinschauen und den Körper betrachten kann – und natürlich die Hände des Besuchers, der versucht, den Körper durch eines der Löcher zu stecken.

Der Körper wird oft (nicht ganz zutreffend) auf den ungarischen Mathematiker George Polya (1887–1985) zurückgeführt (und wird daher manchmal «Polya-Stöpsel» genannt). In seinem Buch «Vom Lösen mathematischer Aufgaben» (1966) thematisiert Polya die Schwierigkeit, sich einen Körper vorzustellen, der von einer Seite wie ein Kreis, von der zweiten wie ein Dreieck und von der dritten wie ein Quadrat aussieht. Eine wahrhaft große Herausforderung, der man sich hier durch Fühlen und Betrachten stellen kann!

In Wirklichkeit wurde dieser Körper schon 1790 von dem Berliner Spielwarenhändler Peter Friedrich Catel (1737–1791) beschrieben, und zwar in seinem Buch «Mathematisches und physikalisches Kunst-Cabinet, dem Unterrichte und der Belustigung der Jugend gewidmet».

55
Schatten von Körpern

Der Schatten eines Körpers, sei es eines menschlichen Körpers oder eines mathematischen, ist in jedem Fall eine starke Vereinfachung. Denn ein Schatten ist lediglich ein zweidimensionales Abbild eines dreidimensionalen Objekts. Dass dabei etwas verloren geht, ist offensichtlich. Aber manchmal zeigt ein Schattenbild gerade dadurch, dass es vereinfacht und gar nicht alle Aspekte des Körpers wiedergeben kann, ansonsten unbeachtete Seiten des Körpers.

Wir halten Würfel, Tetraeder und Oktaeder in einen Lichtkegel und versuchen jeweils, die Lage des Körpers so zu verändern, dass sein Schatten auf eine der Figuren an der Wand passt. Dort sieht man ein Muster aus Dreiecken, Quadraten und Sechsecken. Eine konkrete Frage ist also: Kann man einen Würfel so halten, dass sein Schatten ein Dreieck, ein Quadrat oder ein Sechseck ist?

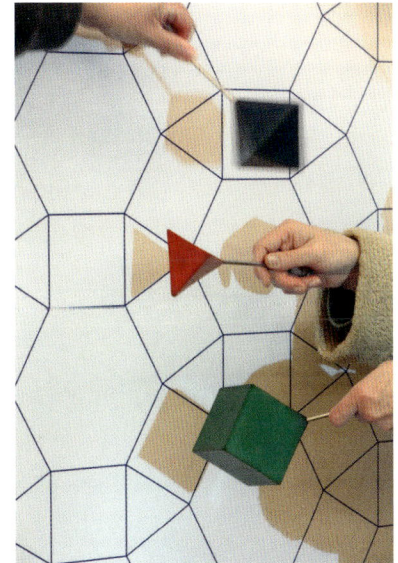

Einen Würfel so zu halten, dass der Schatten ein Quadrat ist, ist keine Kunst. Einen dreieckigen Schatten kann ein Würfel nicht werfen. Auch einen sechseckigen Schatten kann man sich zunächst kaum vorstellen, aber nach ein paar Versuchen stellt sich schließlich ein sechseckiger Schatten ein.

Beim Tetraeder ist es offensichtlich, wie man einen dreieckigen Schatten erzeugt. Erstaunlicherweise ist er auch imstande, einen quadratischen Schatten zu werfen; dies ist aber deutlich schwieriger.

Um einzusehen, welche Schatten ein Würfel werfen kann und welche nicht, überlegen wir uns Folgendes: Ein Würfel hat sechs Seiten, von denen sich jeweils zwei paarweise gegenüberstehen; genauer gesagt hat er also drei Paare von gegenüberliegenden Seiten.

Nun betrachten wir den Würfel aus Sicht der Lampe. Da wir von einem festen Standpunkt aus nicht gleichzeitig beide Seiten eines Paares von Seiten sehen können, sehen wir höchstens drei Seiten eines Würfels. Sieht man lediglich eine Seite, dann ist der Schatten ein Viereck, womöglich ein Quadrat. Sieht man zwei Seiten eines Würfels, dann schaut man auf eine Kante und die beiden Seitenflächen sind auf beiden Seiten dieser Kante. Steht die Kante genau senkrecht zur Blickrichtung, sieht man ein Rechteck. Sobald man diese Kante ein wenig «kippt», so dass ein Ende näher ist als das andere, dann sieht man auch eine dritte Seite des Würfels und es entsteht ein «flaches» Sechseck.

Dreht man den Würfel so weit, dass man auf eine Ecke schaut – wird er also so gehalten, dass zwei gegenüberliegende Ecken und die Lampe auf einer Geraden liegen –, dann ergibt sich als Schatten ein reguläres Sechseck.

Die speziellen Positionen des Würfels und deren Schattenfiguren lassen sich besonders gut erkennen, wenn man ein Würfelmodell projiziert, bei dem nur die Kanten ausgebildet sind. Hält man dieses so, dass die Lichtquelle und zwei gegenüberliegende Ecken auf einer Linie liegen, dann sieht man als Schatten nicht nur den Umriss eines Sechsecks, sondern in seinem Inneren auch sechs gleichseitige Dreiecke.

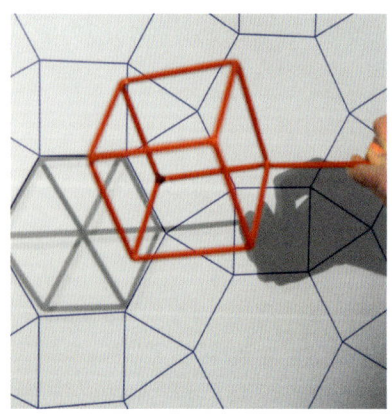

Beim Tetraeder ist es einfacher, die möglichen Schattenfiguren zu beschreiben. Es gibt nämlich im Wesentlichen nur zwei Fälle: Wenn wir – aus Sicht der Lichtquelle – nur eine Fläche sehen, wird sich als Schatten ein Dreieck zeigen, nämlich die Projektion dieser Tetraederseite. Auch wenn wir auf eine Ecke schauen, ist der Schatten ein Dreieck. Denn dann sehen wir alle vier Ecken des Tetraeders: eine in der Mitte und drei außen, die die Ecken eines Dreiecks bilden.

Nur wenn wir auf eine Kante schauen, ergibt sich ein Viereck. Denn wir sehen nun die beiden Ecken dieser Kante und die Ecken der gegenüberliegenden Kante. Der Schatten ist ein Viereck. Und wenn wir ein Tetraeder so halten, dass eine Kante waagerecht und die gegenüberliegende senkrecht steht, dann ist das Schattenbild ein Quadrat.

Zum Weiterdenken:
Eine bequeme Art, einen Würfel zu zeichnen

Wir beginnen mit einem Sechseck, das auf der Spitze steht. Dann ziehen wir vom Mittelpunkt aus zu jeder zweiten Ecke eine Kante – und schon entsteht ein räumlich wirkendes Bild des Würfels.

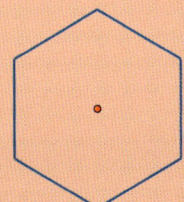 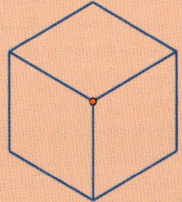

Diese Darstellung des Würfels ist Basis einer optischen Täuschung: Auf dem folgenden Bild lassen sich – je nach Fixierung des Blicks – sechs oder sieben Würfel erkennen.

Dieser «Kippeffekt» tritt häufig auf. Das bekannteste Beispiel dafür ist der «Necker-Würfel». Der Schweizer Geologe Louis Albert Necker (1786-1861) hat diesen Kippeffekt bei Kristallzeichnungen wahrgenommen und erstmals 1832 beschrieben.

Kapitel 11
Spieglein, Spieglein an der Wand

Spiegel üben eine unwiderstehliche Anziehungskraft aus. Aber auch aus mathematischer Sicht sind Spiegel hochinteressant und die Basis von Experimenten mit Überraschungspotenzial. Spielen mehrere Spiegel zusammen, erhöht das den Reiz der Experimente und der Mathematik dahinter.

56
Der Faxenspiegel

Ein großer Spiegel ist faszinierend. Steht man direkt davor, sieht man sich selbst. Steht man hingegen neben dem Spiegel, sieht man sich normalerweise nicht – es sei denn, ein anderer Spiegel kommt einem zu Hilfe.

Der große «Faxenspiegel» im Mathematikum dient dazu, sich zu spiegeln, genauer gesagt die Hälfe von sich zu spiegeln.

Dies ist eines der lustigsten Spiegelexperimente. Eine Person betrachtet sich im Spiegel, aber ausnahmsweise nicht, indem sie sich davorstellt, sondern indem sie sozusagen mit der Nase auf die Kante stößt. Dann wird nur der halbe Körper gespiegelt, nämlich der Teil, der sich vor dem Spiegel befindet. Insgesamt sieht ein Betrachter ein perfekt symmetrisches Bild, bei dem die Spiegelkante die Achse darstellt.

Der Spaßfaktor des Experiments wird dadurch noch gesteigert, dass die Person an der Kante des Spiegels ihren linken Arm und ihr linkes Bein vor dem Spiegel frei bewegen und so die unglaublichsten fliegenden Bilder entstehen lassen kann. Auch sonst sind der Fantasie keine Grenzen gesetzt.

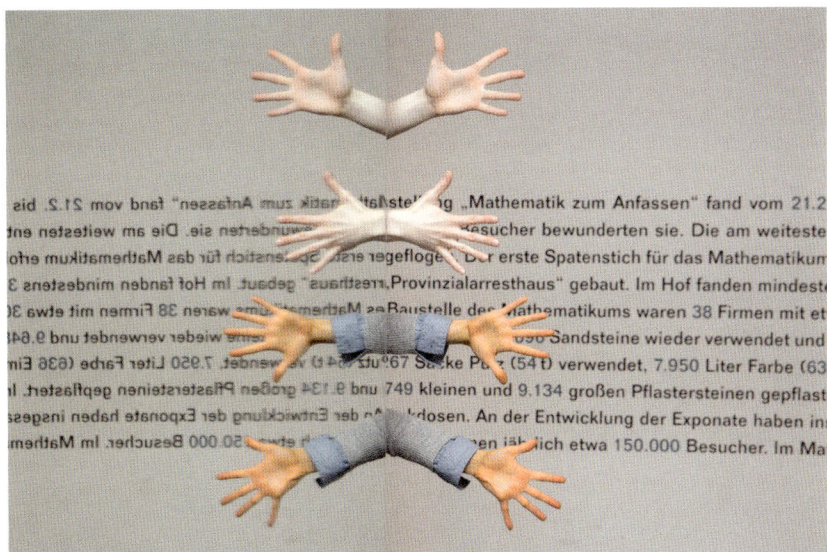

Das Vergnügen wäre nur halb so groß, wäre die Beobachtung der Faxen vor dem Spiegel auf Unbeteiligte beschränkt. Doch am entgegengesetzten Ende des Spiegels senkrecht zum großen Spiegel befindet sich ein weiterer Spiegel. Dadurch kann man sich auch selbst beim Fliegen zuschauen.

57
Spiegelbuchstaben

Ein Spiegel verdoppelt, indem er zum Original das Spiegelbild hinzufügt. Wenn aber das Original nur etwas Halbes ist, dann fügt der Spiegel die zweite Hälfte hinzu, macht also aus einem Halben ein Ganzes.

Bei diesem Experiment entdeckt man jene Buchstaben, die eine waagerechte Symmetrieachse haben. Man findet kleine Teile vor und soll diese durch ihr Spiegelbild zu ganzen Buchstaben ergänzen. Das klingt schwieriger, als es ist: Man legt einfach ein solches Teil an den Spiegel, und nach spätestens ein, zwei Drehungen hat man es geschafft.

Eine waagerechte Spiegelachse haben die Buchstaben B, C, D, E, H, I, K, O und X. Aus diesen Buchstaben lassen sich auch Spiegel-wörter legen, zum Beispiel ICH, DOCH, EICHE, BOX.

Zum Weiterdenken

Entsprechend kann man auch die Buchstaben mit senkrechter Spiegelachse suchen und aus diesen ganze Wörter bilden.

58
Blick in die Unendlichkeit

Die Vorstellung der Unendlichkeit fasziniert die Menschen schon seit langem. Manchmal überkommt uns das Gefühl der Unendlichkeit, etwa beim Anblick des Sternenhimmels oder am Strand beim Anblick der Wellen. Daraus erwächst dann die Vorstellung von Unendlichkeit. Überlegt man hingegen ganz nüchtern, wird man erkennen, dass es keine echte Unendlichkeit in der Welt gibt. Zum Beispiel ist die Anzahl der Elementarteilchen in der Welt zwar groß, nämlich etwa 10 hoch 77, aber endlich. Auch die Anzahl der Nanosekunden seit dem Urknall ist endlich. Das heißt, echte Unendlichkeit gibt es nur in der Mathematik. Mit mathematischen Experimenten kann man der Unendlichkeit nahe kommen.

Das Exponat «Unendliche Muster» besteht aus einem kleinen Kasten mit einem Guckloch an der Seite. Eigentlich nichts Besonderes. Daneben liegen Grafiken, die man unten in den Kasten einschieben kann. Bei einigen der Grafiken hat man eine Vorstellung, was sie darstellen sollen, bei anderen fehlt diese Vorstellung.

Legt man eine solche Grafik in den Kasten und schaut durch das Guckloch, erlebt man eine Überraschung. Man sieht, so weit das Auge reicht, eine farbig gemusterte Fläche. Aus einer der Grafiken wird ein unendliches Muster von Sternen, bei einer anderen sieht man die gesamte Ebene durch Puzzleteile überdeckt.

Der Kasten ist innen von allen vier Seiten verspiegelt. Diese Spiegel sind verantwortlich für das unendliche Muster. Schon zwei parallele Spiegel erzeugen einen unendlichen Streifen.

Je zwei aufeinanderfolgende Bilder sind Spiegelbilder voneinander, und je zwei, die den «Abstand 2» haben, gehen durch eine Verschiebung auseinander hervor. In der Tat ist es so, dass die Hintereinanderausführung von zwei Spiegelungen an parallelen Spiegeln eine Verschiebung ist; dabei ist die Strecke, um die verschoben wird, doppelt so groß wie der Abstand der Spiegel.

Diesen Effekt kann man übrigens auch bei dem «Blick in die Unendlichkeit» bestaunen: Man schaut durch zwei Löcher und sieht eine unendliche Folge von beleuchteten Rahmen. Des Rätsels Lösung ist auch hier die Kombination von zwei parallelen Spiegeln, deren Zwischenraum ausgeleuchtet ist.

Mit einer Kombination von vier Spiegeln, die in der Draufsicht ein Quadrat bilden, wird die gesamte unendliche Ebene erfasst:

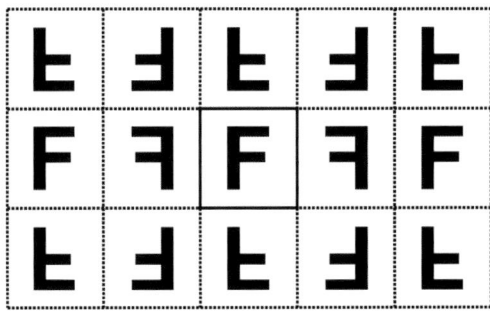

Auch hier sieht man wieder, dass je zwei benachbarte Bilder Spiegelbilder voneinander sind. Man kann sich die gesamte Ebene wie ein Schachbrett schwarz-weiß gefärbt vorstellen, dann sind die Bilder auf den weißen Feldern korrekte Fs, während die Bilder auf den schwarzen Feldern gespiegelte Fs zeigen.

59
Der Drehspiegel

Warum vertauscht ein Spiegel rechts und links, aber nicht oben und unten? Diese beliebte Frage führt uns in die Irre; denn ein senkrecht vor uns stehender Spiegel vertauscht auch nicht rechts und links. Die Hand, an der ich einen Ring trage (bei mir ist das die linke Hand), ist auch im Spiegel auf der linken Seite. Der Spiegel vertauscht weder rechts und links noch oben und unten – tatsächlich vertauscht er hinten und vorne.

Es gibt aber Spiegelapparate, die vertauschen wirklich rechts und links und manchmal auch oben und unten. Dieses Phänomen kann man im Mathematikum erfahren.

Wir stehen vor dem Spiegel und uns fällt zunächst gar nichts auf. Erst wenn wir die rechte Hand heben, dann hebt auch unser Spiegelbild seine rechte Hand – aber auf der anderen, der linken Seite. Dieser Spiegel vertauscht tatsächlich links und rechts!

Wenn wir den Spiegel ein wenig drehen, liegt unser Kopf waagerecht. Wenn wir noch etwas weiter drehen, sehen wir uns auf dem Kopf. Und wenn wir den Spiegel mit Schwung in Drehung versetzen, dreht sich auch unser Spiegelbild mit. Ein verrückter Spiegel!

Das Geheimnis dieses Spiegelexperiments ist Folgendes: Der gesamte Spiegelkasten besteht nicht nur aus einem, sondern aus zwei normalen Spiegeln, die rechtwinklig zueinander stehen. Die folgende Abbildung zeigt, wie eine Figur (hier der Buchstabe F) gespiegelt wird: Zunächst wird er in einem der Spiegel gespiegelt, dann spiegelt sich sein Spiegelbild im zweiten Spiegel. Das ist auf den folgenden Bildern zu sehen:

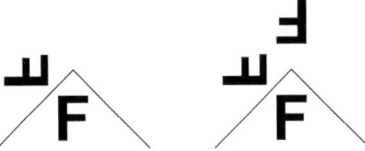

Übrigens ist das Ergebnis unabhängig von der Reihenfolge des Spiegelns. Wenn der Buchstabe F zuerst im zweiten Spiegel und dann im ersten Spiegel gespiegelt wird, ergibt sich das gleiche Ergebnis:

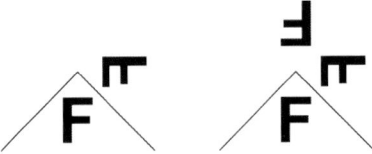

Es ist sehr deutlich zu sehen, dass das Spiegelbild rechts und links vertauscht. Das entspricht unserer Erfahrung vor dem Drehspiegel. Wenn wir diesen um 90 Grad drehen, dann vertauscht die Spiegelkonstruktion nicht rechts und links, sondern oben und unten. Nach einer Drehung um 180 Grad ist wieder der Ausgangszustand erreicht. Daraus ergibt sich auch, dass die Drehgeschwindigkeit des Spiegelbilds doppelt so groß ist wie die Drehgeschwindigkeit des Spiegelkastens. Wenn der Spiegelkasten um 180 Grad gedreht wurde, hat das Spiegelbild schon eine Gesamtdrehung hinter sich.

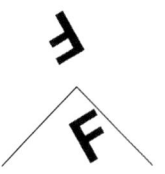

Der Drehspiegel hat, auch ohne dass er gedreht wird, eine weitere interessante Eigenschaft. Stellt man den Spiegelkasten so ein, dass beide Spiegel senkrecht (zum Boden) stehen, und bewegt sich dann im Raum und schaut dabei in den Spiegel, sieht man sich aus jeder Position selbst.

Noch überraschender zeigt sich dieses Phänomen beim Eckspiegel.

60
Das Spiegelbuch

Ein Spiegel verdoppelt; er macht aus einer Sache zwei, nämlich das Original und das Spiegelbild. Und zwei Spiegel? Zwei Spiegel ver*vier*fachen nicht nur, sie ver*viel*fachen. Manchmal wird das Original vervierfacht, manchmal auch versechsfacht, zwei Spiegel könnten ein Objekt aber auch vertausendfachen. Kurz, mit nur zwei Spiegeln kann man beliebig viele Spiegelbilder erhalten.

In dem Experiment sind zwei Spiegel durch ein Scharnier verbunden, so dass ein Spiegel bewegt werden kann. Diese Konstruktion erinnert an ein Buch, deshalb heißt das Experiment «Spiegelbuch». Mit diesem «Buch» lassen sich verschiedene Winkel zwischen den Spiegeln herstellen.

Ein Objekt, das zwischen den Spiegeln liegt, erzeugt viele Spiegelbilder. Eine erste, qualitative Beobachtung zeigt: Je kleiner der Winkel ist, desto mehr Spiegelbilder sieht man. Es ist klar, wie diese entstehen: Das Objekt wird im ersten Spiegel und im zweiten gespiegelt. Diese Spiegelbilder werden aber auch im jeweils anderen Spiegel gespiegelt. Und so weiter. Man könnte denken, dass so unendlich viele

Spiegelbilder entstehen. Aber manchmal ist es so, dass ein Spiegelbild des rechten Spiegels und das entsprechende des linken Spiegels gleich sind. Dann werden durch weitere Spiegelungen nur die vorigen Bilder reproduziert. In diesen Fällen erhält man ein Muster aus lediglich endlich vielen Bildern.

Dies ist zum Beispiel der Fall, wenn die Spiegel rechtwinklig zueinander stehen. Dann sieht man insgesamt nur vier Objekte: das Original, dann rechts und links die Spiegelbilder und gegenüber dem Original das Spiegelbild der ersten Bilder.

Es gibt weitere «magische Winkel», bei denen ein endliches Muster entsteht. Durch den Winkel bestimmt man, wie oft man das Objekt (inklusive des Originals) sehen kann. Wenn die Spiegel einen Winkel von 60 Grad bilden, dann sieht man das Objekt genau sechsmal. Bei einem Winkel von 45 Grad sieht man das Objekt achtmal.

Das funktioniert immer dann, wenn der Winkel der beiden Spiegel in den 360 Grad aufgeht.

Winkel zwischen den Spiegeln	120 Grad	90 Grad	72 Grad	60 Grad	45 Grad	36 Grad	22,5 Grad
Wie oft sieht man das Objekt?	3-mal	4-mal	5-mal	6-mal	8-mal	10-mal	16-mal

Wenn die Spiegel einen dieser «magischen Winkel» bilden, dann kann man den kleinen Stab zwischen die Spiegel legen. Liegt dieser symmetrisch zu den Spiegeln, ergibt sich ein schönes Vieleck: bei 60 Grad ein Sechseck, bei 45 Grad ein Achteck und so weiter.

Bei einem Winkel von 60 Grad kann man aber nicht nur ein Sechseck, sondern auch ein Dreieck erhalten. Dazu muss der Stab senkrecht zu einem der beiden Spiegel liegen. Entsprechend kann man auch bei 45 Grad ein Quadrat legen und so weiter.

Übrigens: Wenn man den Stab anhebt, scheint das Vieleck zu schweben!

61
Der Eckspiegel

Dieser Spiegel lässt einen nicht mehr los. Von wo auch immer man in ihn schaut: Man sieht immer sich selbst. Zwar auf dem Kopf stehend, aber unausweichlich. Wenn man ein Auge zukneift, erkennt man das sehende Auge genau in der Ecke der Spiegelkonstruktion.

Die Konstruktion besteht aus drei normalen Spiegeln, die senkrecht zueinander stehen. Bei nur zwei senkrecht zueinander stehenden Spiegeln haben wir schon beobachtet, dass jeder Strahl in einer Ebene, die senkrecht zu den beiden Spiegeln steht, so reflektiert wird, dass der reflektierte Strahl parallel zum einfallenden Strahl ist.

Soll ein Lichtstrahl aus räumlich beliebiger Richtung parallel zur Einfallsrichtung wieder zurückgeworfen werden, muss ein dritter Spiegel verwendet werden, der zu den beiden anderen senkrecht angeordnet ist.

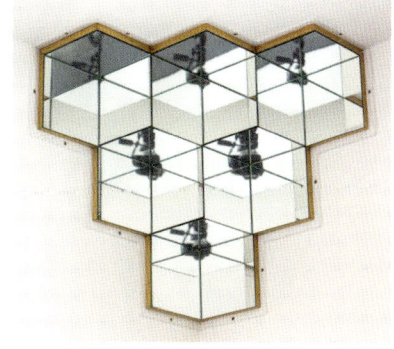

Dabei stellt sich der Effekt ein, dass man sich stets selbst sieht, unabhängig davon, aus welcher Blickrichtung man in den Eckspiegel schaut. Denn einfallendes Licht wird parallel zur Einfallsrichtung zurückgeworfen. Strahlen, die direkt in die Ecke treffen, werden auf dem gleichen Strahl zurückgespiegelt. Daher sieht man das Bild seines Auges stets in der Ecke des Spiegels; es bleibt darin «gefangen».

Das Prinzip des Eckspiegels findet Anwendung bei Reflektoren, die man zum Beispiel vom Fahrrad her kennt, den sogenannten Katzenaugen. Ein Katzenauge besteht aus vielen kleinen Eckspiegelchen, die nebeneinander angeordnet sind. Daher wirft ein solches Katzenauge stets das Licht, mit dem es bestrahlt wird, in die gleiche Richtung wieder zurück.

Sogar auf dem Mond stehen solche Reflektoren. Im Rahmen der Apollo-11-Mission im Jahr 1969 wurden auf der Mondoberfläche Reflektoren in Form von Eckspiegeln aufgestellt. Dadurch ist es möglich, die Entfernung zu unserem Erdtrabanten sehr präzise zu bestimmen. Von der Erde ausgesandte Laserstrahlen werden so reflektiert, dass sie wieder zur Erde zurückkommen. Aus der Laufzeit des Laserstrahls lässt sich die Entfernung berechnen.

62
Das Riesenkaleidoskop

Was es mit diesem Exponat auf sich hat, erkennt man am besten von oben. Aus der Vogelperspektive sieht man ein dreieckiges, allseits geschlossenes, innen verspiegeltes Gebilde. Die Menschen, die irgendwie in diesen Kasten gekommen sind, betrachten aufmerksam, erstaunt und manchmal auch belustigt ihre Spiegelbilder.

Man muss sich bücken, um in das Riesenkaleidoskop zu gelangen. Kaum hat man sich aufgerichtet, schaut man sich verblüfft um: Man sieht sich nicht nur einmal gespiegelt, nicht nur dreimal, nicht nur sechsmal, sondern unglaublich oft und aus ganz verschiedenen Richtungen; von vorne, von der Seite und von schräg hinten.

In der Tat würde man sich – bei idealen Spiegeln, die kein Licht verschlucken – unendlich oft gespiegelt sehen, und zwar aus insgesamt sechs Richtungen. Dies ist gut zu erkennen, wenn man sich in eine Ecke stellt. Dann erkennt man die eigene Person sechsmal: sich selbst und fünf Spiegelbilder – und alle schauen in unterschiedliche Richtungen.

Das Riesenkaleidoskop besteht aus drei Spiegeln, die in Form eines gleichseitigen Dreiecks zusammengefügt wurden. Je zwei von ihnen schließen also einen Winkel von 60 Grad ein.

Um das Experiment mathematisch nachvollziehen zu können, betrachten wir zunächst den Effekt von nur *zwei* Spiegeln, die einen Winkel von 60 Grad bilden.

Wir spiegeln eine Figur, die nicht spiegelsymmetrisch ist, zum Beispiel den Buchstaben F. Dieser Buchstabe spiegelt sich im ersten Spiegel und im zweiten Spiegel (das ist auf dem folgenden Bild dargestellt). Die Spiegel hören aber nicht auf zu spiegeln, auch das Spiegelbild des ersten Spiegels spiegelt sich im zweiten Spiegel und umgekehrt.

Schließlich werden auch die zweiten Spiegelbilder in den beiden Spiegeln gespiegelt – und man erhält das gleiche Bild. Jetzt ist das Muster vollständig, alle möglichen Spiegelbilder sind vorhanden. Wir erkennen sechsmal den Buchstaben F, abwechselnd in richtiger und gespiegelter Form.

Nun schauen wir uns an, was der *dritte* Spiegel bewirkt, der mit den beiden ersten ein gleichseitiges Dreieck bildet. Natürlich spiegelt sich das Muster, das die beiden ersten Spiegel erzeugt haben, im dritten Spiegel:

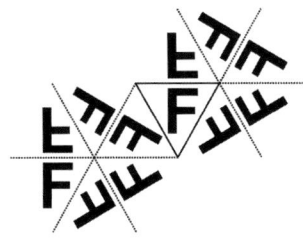

Die neuen Spiegelbilder spiegeln sich erneut sowohl im ersten als auch im zweiten Spiegel:

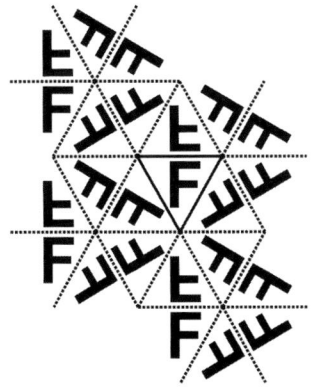

Und nun erleben wir ein Wachstum ohne Grenzen: Durch wiederholte Spiegelungen erhält man ein unendliches Muster aus Dreiecken, in dem jeweils ein F zu sehen ist, entweder in Originalform oder gespiegelt.

Das entspricht dem, was Sie sehen, wenn Sie im Riesenkaleidoskop stehen. An jeder Stelle, an der oben ein F zu sehen ist, sehen Sie ein Bild von sich. Wenn Sie Ihre rechte Hand heben, werden Sie erkennen, dass die Hälfte der Spiegelbilder ebenfalls die rechte Hand hebt, während die andere Hälfte die linke Hand hochhält.

63
Der Spiegeltrichter

Ein Blickfang. Diese funkelnde Anordnung von Spiegeln zieht automatisch die Aufmerksamkeit auf sich. Dabei ist überraschend, dass man sich – jedenfalls aus der Ferne – in diesem Spiegel gar nicht sieht.

Tritt man näher heran, erkennt man, wie die Spiegelanordnung aufgebaut ist: Sie besteht aus fünf normalen Spiegeln, die vollkommen gleichmäßig zusammengefügt wurden, aber so, dass sie einen Trichter bilden. Dieser hat vorne eine große Öffnung und hinten nur eine kleine Öffnung, eine Art «Loch».

Wenn man zu zweit ist, kann ein Partner von hinten eine Hand durch die Öffnung halten oder sogar den Kopf durch die Öffnung stecken. Dann sieht man die Hand oder den Kopf fünffach, und zwar aus fünf verschiedenen Richtungen.

Aber auch wenn niemand eine Hand oder den Kopf durch das Loch steckt, sieht man etwas. Das Loch selbst, eine fünfeckige Fläche, spiegelt sich auch in jedem der fünf Spiegel. Insgesamt entstehen also sechs Fünfecke: das Original und fünf gespiegelte. Diese vereinigen sich wunderbarerweise zu einem silbrig leuchtenden Körper, einem Dodekaeder. Natürlich sieht man nur die Hälfte, also nur sechs der insgesamt zwölf Flächen des Dodekaeders.

Nun versteht man auch, wie die Spiegel angeordnet sind. Sie sind so ausgerichtet, dass sie, gesetzt den Fall, man würde sie nach hinten verlängern, durch den Mittelpunkt des Dodekaeders gingen.

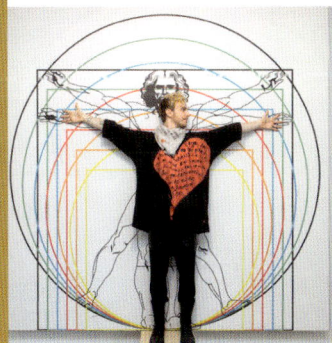

Kapitel 12

Hauptsache, die Proportionen stimmen

Ein Foto zeigt die Wirklichkeit. Viel genauer als eine Zeichnung oder gar eine Karikatur. Während diese oft einen Punkt heraus-picken, stimmt bei einem Foto jedes De-tail – obwohl es viel kleiner ist als das Origi-nal. Bei einer Person sitzen die Augen an der richtigen Stelle, das Verhältnis von Arm-länge und Körpergröße ist korrekt und so weiter. Ein Foto beschönigt nichts, es schmeichelt nicht, sondern ist dem Original so ähnlich wie nur möglich. Die Ähnlichkeit stellt sich ein, weil die Proportionen stim-men und nichts unnatürlich verzerrt wird.

Auch mathematisch gesehen kann man die Ähnlichkeit von Figuren an der Stim-migkeit ihrer Proportionen erkennen.

64
Der goldene Schnitt

Der goldene Schnitt ist eine der geheimnisvollsten und vielversprechendsten Zahlen. Dabei ist seine Definition alt, sie steht schon im ersten Mathematikbuch der Welt. In den «Elementen» des Euklid (ca. 300 v.Chr.) findet sich im «2. Buch» als 11. Aufgabe folgende Fragestellung:

Eine gegebene Strecke so zu teilen, dass das Rechteck aus der ganzen Strecke und dem einen Abschnitt dem Quadrat über dem anderen Abschnitt gleich ist.

In unserer Sprache heißt diese Formulierung: Das Produkt aus der Länge der Gesamtstrecke und dem einen Abschnitt ist die gleiche Zahl, die man erhält, wenn man die Länge des anderen Abschnitts mit sich selbst multipliziert: Oder, mit den Bezeichnungen aus der Abbildung: $(M+m) \cdot m = M \cdot M$.

Diese Gleichung kann man umformen zu $(M+m) : M = M : m$. Wenn man diese nun wieder in Worte übersetzt, erhält man die heute übliche Definition: Ein Punkt S *teilt eine Strecke im goldenen Schnitt*, wenn das Verhältnis aus der ganzen Strecke zum größeren Teil gleich ist dem Verhältnis aus dem größeren Teil zum kleineren. Dieses Verhältnis bezeichnet man mit dem griechischen Buchstaben φ («phi»).

Aus der obigen Gleichung $(M+m) : M = M : m$ kann man das Teilungsverhältnis des goldenen Schnitts berechnen. Ein Punkt S teilt eine Strecke genau dann im goldenen Schnitt, wenn das Verhältnis aus großem zu kleinem Teil gleich $\varphi = (\sqrt{5}+1)/2$ ist. Diese Zahl ist gleich 1,618... Dann ist das

Verhältnis von großem Teil zur Gesamtstrecke gleich 0,618. Anders gesagt, der Teilungspunkt des goldenen Schnitts liegt bei etwa 61,8 Prozent der Gesamtstrecke.

Das sieht man wie folgt ein: Man formt die Gleichung $(M+m):M = M:m$ um und erhält $1+m/M = M/m$. Bezeichnet man das Verhältnis M/m mit φ, lautet diese Gleichung $1+1/\varphi = \varphi$. Wenn man nun beide Seiten mit φ multipliziert, ergibt sich die quadratische Gleichung $\varphi^2-\varphi-1=0$, deren positive Lösung $(\sqrt{5}+1)/2$ ist.

Im Mathematikum kann man den goldenen Schnitt an sich selbst entdecken. Dies geht auf Ansichten zurück, die maßgeblich von Adolf Zeising (1810–1876), einem Großvater Werner Heisenbergs, propagiert wurden. In seinem 1854 erschienenen Werk «Neue Lehre von den Proportionen des menschlichen Körpers» stellt er seine Überzeugung vor, dass der goldene Schnitt an vielen Stellen des (idealen) menschlichen Körpers gefunden werden kann. Am deutlichsten wird seine Idee bei der Behauptung, dass der Bauchnabel die Körpergröße im goldenen Schnitt teilt. Im Mathematikum kann jeder Besucher überprüfen, inwieweit dies auf ihn oder sie zutrifft. Natürlich

kann man den goldenen Schnitt auch bei der Unterteilung der Finger in Gelenke oder bei der Aufteilung eines Gesichtes entdecken; inwieweit das aber funktionale Ursachen hat oder nur ein mehr oder weniger genau gemessener zufälliger Befund ist, muss jeder selbst entscheiden.

Es ist außerordentlich selten, dass bei einem über 2000 Jahre alten Untersuchungsgegenstand noch neue Aspekte gefunden werden. Aber manchmal passiert es eben doch. Die Werke des Künstlers Jo Niemeyer (geb. 1946) sind entscheidend durch den goldenen Schnitt geprägt. Durch die intensive Beschäftigung mit Konstruktionen des goldenen Schnitts ist Niemeyer eine besonders einfache, aber bislang unbekannte Konstruktion des goldenen Schnitts gelungen.

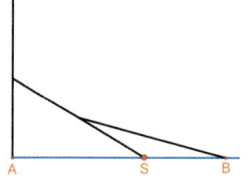

Niemeyer verwendet für seine Konstruktion drei gleich lange Stäbe. Der erste wird senkrecht aufgestellt und sein Mittelpunkt markiert. Der zweite Stab verbindet diesen Mittelpunkt mit einem Punkt S auf der Waagerechten. Der Mittelpunkt des zweiten Stabes wird wieder mit einem Punkt B der waagerechten Linie verbunden. Dann teilt der mittlere Punkt S auf der Waagerechten die Strecke AB im goldenen Schnitt.

Der goldene Schnitt – die erste irrationale Zahl

Der goldene Schnitt soll schon in der Schule des Pythagoras im 6. Jahrhundert v. Chr. entdeckt und untersucht worden sein, der Überlieferung nach am Dodekaeder, vermutlich an einer seiner Seitenflächen, dem regulären Fünfeck. Wenn man die Ecken eines regulären Fünfecks durch die Diagonalen verbindet, erhält man einen fünfzackigen Stern, das Pentagramm.

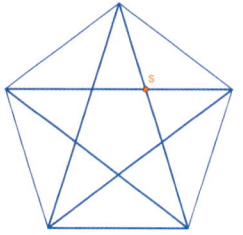

Am regulären Fünfeck und am Pentagramm zeigt sich der goldene Schnitt in mehrfacher Weise. Zum Beispiel ist es so, dass sich je zwei Diagonalen des Fünfecks, die sich nicht in einer Ecke treffen, im goldenen Schnitt schneiden. So teilt in der obigen Zeichnung der Punkt S die waagerechte Diagonale im goldenen Schnitt.

Dies soll Hippasos von Metapont (um 500 v. Chr.), ein Schüler des Pythagoras, entdeckt haben. Hippasos soll auch mathematisch bewiesen haben, dass der goldene Schnitt keine Bruchzahl ist, mit anderen Worten, dass dieses Teilungsverhältnis nicht gleich 1,6 ist, auch nicht gleich 1,625, auch nicht 1,666... Der goldene Schnitt ist kein endlicher und auch kein periodischer Dezimalbruch, sondern eben 1,6180339... Dieser Dezimalbruch hört nie auf und er mündet auch nie in ein Muster. Man sagt dazu, dass diese Zahl «irrational» (= nicht rational) ist. Der goldene Schnitt ist die erste Zahl, deren Irrationalität die Menschheit erkannt hat.

Hippasos soll diesen Satz durch die sogenannte Wechselwegnahme, eine Vorform des euklidischen Algorithmus, bewiesen haben. Dazu nimmt er an, dass die Längenverhältnisse auf der Diagonalen ganzzahlig sind, dass also zum Beispiel das lange Stück 34 Einheiten lang ist und das kurze 21. Dann zeigt er, dass sich die Diagonalen in dem inneren, kleinen Fünfeck auch in einem Längenverhältnis aus ganzen Zahlen schneiden. Und natürlich sind das kleinere ganze Zahlen. Da dieser Prozess nicht unendlich lange weitergehen kann (denn die kleinste positive Zahl ist 1), ergibt sich ein Widerspruch. Dieser zeigt, dass die Teilung der Diagonale nicht durch einen Bruch dargestellt werden kann.

65
Fibonacci-Zahlen

Als der Rechenmeister Leonardo von Pisa, der unter dem Namen Fibonacci (= Fi(glio) di Bonacci = Sohn des Bonacci) berühmt wurde, im Jahre 1202 die später nach ihm benannten Zahlen einführte, konnte er nicht ahnen, dass diese einmal zu den berühmtesten und wichtigsten Zahlen überhaupt gehören würden.

Am einfachsten kann man die Fibonacci-Zahlen mathematisch erklären. Es handelt sich um die Folge 1, 2, 3, 5, 8, 13, 21, 34, 55, 89, 144, ..., die dadurch entsteht, dass jede dieser Zahlen die Summe ihrer beiden Vorgänger ist. Mit anderen Worten: Man addiert zwei aufeinanderfolgende Fibonacci-Zahlen und erhält die nächste: $1+2=3$, $2+3=5$, $3+5=8$ und so weiter.

Man berechnet also die n-te Fibonacci-Zahl, indem man die beiden vorigen, also die Fibonacci-Zahlen mit den Nummern n–1 und n–2, addiert. Wenn man die Fibonacci-Zahlen der Reihe nach mit f_1, f_2, f_3, ... bezeichnet, dann kann man das Bildungsgesetz auch durch folgende Formel ausdrücken:

$$f_n = f_{n-1} + f_{n-2}$$

Zudem definiert man auch noch $f_0 := 1$; dann beginnt die Reihe der Fibonacci-Zahlen so: 1, 1, 2, 3, 5, 8, ...

Im Experiment lässt sich dieses Bildungsgesetz am «Fibonacci-Schieber» erkennen. In den Fenstern des Schiebers sieht man jeweils drei aufeinanderfolgende Fibonacci-Zahlen. Mit dem Plus- und dem Gleichheitszeichen auf dem Schieber wird daraus eine Gleichung. Zum Beispiel sehen wir $5 + 8 = 13$; dieses Experiment führt uns bis zur Bildung der 29. Fibonacci-Zahl: $317\,811 + 514\,229 = 832\,040$. Aber natürlich gilt dieses Bildungsgesetz für alle unendlich vielen Fibonacci-Zahlen.

Eigenschaften von Fibonacci-Zahlen

Die Fibonacci-Zahlen stehen untereinander in vielerlei geheimnisvollen Beziehungen, die bis heute Gegenstand wissenschaftlicher Abhandlungen sind. Hier zwei Beispiele.

1. Wenn wir die ersten Fibonacci-Zahlen addieren und damit bei f_0 beginnen, stellen wir etwas Interessantes fest:

n	1	2	3	4	5	6
Summe der Fibonacci-Zahlen bis f_n	$1+1$ $= 2$	$1+1+2$ $= 4$	$1+1+2+3$ $= 7$	$1+1+2+3+5$ $= 12$	$1+1+2+3+5+8$ $= 20$	$1+1+2+3+5+8+13$ $= 33$
Übernächste Fibonacci-Zahl f_{n+2}	3	5	8	13	21	34

Wir sehen: Die Summe der ersten Fibonacci-Zahlen ist jeweils gleich der übernächsten Fibonacci-Zahl minus 1. In einer Formel ausgedrückt heißt dies:

$$f_0 + f_1 + f_2 + f_3 + ... + f_n = f_{n+2} - 1$$

2. Nun betrachten wir drei aufeinanderfolgende Fibonacci-Zahlen und multiplizieren diese. Genauer gesagt vergleichen wir das Produkt aus der ersten und der dritten mit dem Quadrat der mittleren Fibonacci-Zahl:

n	2	3	4	5	6
$f_{n-1} \cdot f_{n+1}$	$1 \cdot 3 = 3$	$2 \cdot 5 = 10$	$3 \cdot 8 = 24$	$5 \cdot 13 = 65$	$8 \cdot 21 = 168$
$f_n \cdot f_n$	$2 \cdot 2 = 4$	$3 \cdot 3 = 9$	$5 \cdot 5 = 25$	$8 \cdot 8 = 64$	$13 \cdot 13 = 169$

Wir erkennen, dass die beiden Produkte jeweils fast gleich sind. Sie unterscheiden sich lediglich um 1. Abwechselnd ist mal das eine Produkt um 1 größer als das andere, mal umgekehrt. In mathematisch präziser Sprache lautet dies:

$$f_n \cdot f_n = f_{n-1} \cdot f_{n+1} + (-1)^n$$

Dieser Zusammenhang wurde schon 1680 von dem italienischen Mathematiker und Astronomen Giovanni Domenico Cassini (1625–1712) entdeckt.

Fibonacci-Zahlen und die Kaninchen

Fibonacci selbst hat in seinem Buch «Liber Abaci» die Fibonacci-Zahlen im 12. Kapitel mit einer Kaninchenaufgabe eingeführt. Die Geschichte beginnt so:

Ein Mann hielt ein Paar Kaninchen an einem Ort, der ringsum von einer Mauer umgeben war, um herauszufinden, wie viele Paare daraus in einem Jahr entstünden. Dabei ist es ihre Natur, jeden Monat ein neues Paar auf die Welt zu bringen, und sie gebären erstmals im zweiten Monat nach ihrer Geburt.

Die Frage ist: Wie viele Kaninchenpaare leben nach einem Jahr?

Wenn man es mathematisch formuliert, lauten die Regeln der Kaninchenvermehrung, die Fibonacci aufstellt, so:
1. Jedes Kaninchenpaar gebiert jeden Monat genau ein Kaninchenpaar.
2. Dieses wird im zweiten Monat geschlechtsreif und gebiert von da an auch jeden Monat genau ein neues Kaninchenpaar.
3. Kaninchen leben ewig.

Es zeigt sich, dass die Anzahl der Kaninchenpaare im n-ten Monat genau durch die Fibonacci-Zahl f_n angegeben wird. Das heißt: Nach 12 Monaten leben genau $f_{12} = 377$ Kaninchenpaare.

Erstaunlicherweise hat Fibonacci selbst offenbar keine Vorstellung vom Potenzial seiner «Kaninchenzahlen» gehabt; jedenfalls wird diese Zahlenfolge in seinem Buch nur an dieser Stelle erwähnt.

Fibonacci-Zahlen und der goldene Schnitt

Fibonacci-Zahlen hängen eng mit dem goldenen Schnitt, das heißt mit der Zahl $\varphi = 1,618...$, zusammen: Wenn wir aufeinanderfolgende Fibonacci-Zahlen durcheinander dividieren, erhalten wir sehr gute Annäherungen an den goldenen Schnitt. Zum Beispiel ist $8/5 = 1,6$ und der Quotient $13/8 = 1,625$ unterscheidet sich nur weniger als 1 Prozent vom goldenen Schnitt.

n	1	2	3	4	5	6
f_n / f_{n-1}	1	2	1,5	1,666...	1,6	1,625

In vielen Situationen wird daher der goldene Schnitt dadurch festgestellt, dass man zwei aufeinanderfolgende Fibonacci-Zahlen entdeckt (siehe Abschnitt 67, «Der goldene Schnitt in der Kunst»).

Wer war Fibonacci?

Fibonacci, eigentlich Leonardo von Pisa, lebte ca. 1170–1241. Er war Rechenmeister in Pisa und gilt als einer der bedeutendsten Mathematiker des Mittelalters. Sein Hauptwerk ist das «Liber Abaci» (Buch der Rechenkunst), das 1202 veröffentlicht wurde. In ihm legt er die Vorteile des neuen indischen Dezimalsystems dar. Das Buch beginnt im 1. Kapitel programmatisch mit dem Satz «Novem figure indorum he sunt 9 8 7 6 5 4 3 2 1. Cum his itaque novem figuris, et cum hoc signo 0, quod arabice zephirum appellatur, scribitur quilibet numerus.» Auf Deutsch: «Die neun indischen Figuren sind 9 8 7 6 5 4 3 2 1. Mit diesen neun Figuren und dem Zeichen 0, welches die Araber Zephirum nennen, lässt sich jede Zahl schreiben.»

Fibonaccis Rechenbuch war in der Tat epochemachend, weil mit ihm das Dezimalsystem, und damit auch die Möglichkeit des schriftlichen Rechnens, in Mitteleuropa angekommen war.

66
Fibonacci-Zahlen in der Natur

Die überragende Bedeutung der Fibonacci-Zahlen hat zwei Gründe: Der eine ist ihre mathematische Bedeutung, der andere die Tatsache, dass diese Zahlen in der Natur vorkommen. Und zwar nicht ungefähr und vereinzelt, sondern exakt und verbreitet.

An den Schuppen eines Kiefernzapfens wird das gut sichtbar. Wenn wir einen Kiefernzapfen von unten betrachten, könnten wir zunächst meinen, die einzelnen Schuppen seien willkürlich angeordnet. Bald aber zeigen sie sich in geschwungenen Linien («Spiralen»), die von innen nach außen füh-

ren. Wir erkennen zwei Sorten von Spiralen: solche, die sich nach rechts drehen, und solche, die eine Linksdrehung zeigen. Jede einzelne Schuppe liegt auf einer rechtsdrehenden und auf einer linksdrehenden Spirale.

Ein ähnliches Bild ergibt sich, wenn man die Dornen eines Kaktus betrachtet oder die Samen einer reifen Sonnenblume.

Das Muster wird noch eindrücklicher, wenn wir die Spiralen zählen, und zwar diejenigen, die sich nach rechts, und die anderen, die sich nach links drehen: 8 Spiralen in die eine Richtung, 13 in die andere. Bei den Sonnenblumen ergeben sich größere Zahlen: 34 in die eine Richtung, 55 in die andere. Bemerkenswerterweise handelt es sich jeweils um aufeinanderfolgende Fibonacci-Zahlen.

Es ist schwer, bei diesen Bildern nicht an Galileis berühmtes Wort zu denken, dass das Buch der Natur «in der Sprache der Mathematik» geschrieben sei.

Es stellen sich nun zwei Fragen: 1. Weshalb ist das so? 2. Wie macht es die Natur, dass die Spiralenmuster entstehen?

Die erste Frage ist vermutlich unzulässig. Wir können höchstens fragen: Warum hat sich diese Anordnung in der Evolution durchgesetzt? Oder: Was wird damit erreicht? Die Biologen sind sich sicher, dass diese Anordnung mit optimaler Platzausnutzung zu tun hat. Genauer gesagt: Bei dieser Anordnung hat eine Pflanze die Möglichkeit zu wachsen, ohne ihre Struktur ändern zu müssen. Das Muster bleibt das gleiche, es wird aber immer größer.

Zur zweiten Frage: Es scheint so zu sein, und Simulationen bestätigen dies, dass das Wachstum durch zwei Mechanismen bestimmt ist: (1) Die Schuppen wachsen von innen nach außen; je älter sie werden, desto weiter rücken sie von der Mitte weg nach außen. (2) Die Entstehung der Schuppen basiert auf dem goldenen Schnitt. Teilt man die 360 Grad des Kreises im Verhältnis des goldenen Schnitts auf, ergibt sich ein Winkel von etwa 137,5 Grad. Schuppen, die der Reihe nach entstehen, bilden jeweils einen Winkel von 137,5 Grad zueinander. Angenommen, die erste Schuppe zeigt vom Mittelpunkt aus gesehen direkt nach oben. Dann entsteht die zweite Schuppe so, dass ihre Verbindung zum Mittelpunkt mit der ersten einen Winkel von 137,5 Grad bildet, wobei die erste Schuppe dann schon ein bisschen nach außen gewandert ist.

Auf diese Weise entsteht das Muster aus den rechts- und linksdrehenden Spiralen.

67
Der goldene Schnitt in der Kunst

Der goldene Schnitt war in der Mathematik schon immer präsent. Aber seine besondere Rolle als «Maß für Schönheit» wurde ihm erst sehr spät zugesprochen. In Euklids «Elementen» (ca. 300 v. Chr.), dem ersten Mathematikbuch der Welt, kommt der goldene Schnitt vor, und zwar sehr unaufgeregt als eine von vielen Konstruktionsaufgaben.

Schon über 200 Jahre vorher trat der goldene Schnitt (vermutlich unter dem Namen «Teilung im inneren und äußeren Verhältnis») bei den Pythagoreern in Erscheinung. Hippasos von Metapont entdeckte am regulären Fünfeck die Irrationalität des goldenen Schnitts. Ob diese Entdeckung das Weltbild der Pythagoreer erschütterte, wie oft erzählt wurde, ist unklar. Sicher ist aber, dass der goldene Schnitt nicht als Messlatte für Schönheit etabliert wurde.

Der Florentiner Mathematiker Luca Pacioli (um 1445–1514) veröffentlichte 1509 sein Buch «De divina proportione» (Über das göttliche Teilverhältnis), das seinen Platz in der Kulturgeschichte durch die Abbildungen der platonischen und archimedischen Körper erhalten hat, die auf Zeichnungen von Leonardo da Vinci beruhen. Der Name «divina proportio» wies dem goldenen Schnitt unter allen anderen mathematischen Konstruktionen eine herausragende Bedeutung zu und hatte eine enorme Wirkung.

Johannes Kepler (1571–1630) schwärmte wie kein anderer Mathematiker vor oder nach ihm vom goldenen Schnitt: «Die Geometrie birgt zwei große Schätze: der eine ist der Satz von Pythagoras, der andere der goldene Schnitt. Den ersten können wir mit einem Scheffel Gold vergleichen, den zweiten können wir ein kostbares Juwel nennen.» Aber es ist auch klar, dass für Pacioli und Kepler der goldene Schnitt – wie der Satz des Pythagoras – zunächst innermathematisch eine herausragende Rolle spielt und – nach Keplers Überzeugung – vielleicht der Struktur des Kosmos zugrunde liegt. Dagegen gibt es keine Anzeichen dafür, dass man damals den goldenen Schnitt als Mittel ansah, um von Menschen gemachte Kunstwerke zu erschließen.

Das 19. Jahrhundert brachte für den goldenen Schnitt eine enorme Aufwertung. Zunächst wurde der Name geprägt; dies geschah 1835 in einem Lehrbuch der Mathematik von Martin Ohm (1792–1872). Wenn es jedoch einen Menschen gab, der den universellen Herrschaftsanspruch des goldenen Schnitts behauptete, dann war dies der Politiker und Schriftsteller Adolf Zeising (1810–1876) mit seinem 1854 erschienenen Buch «Neue Lehre von den Proportionen des menschlichen Körpers» und zahlreichen darauf folgenden Schriften. Er sieht im goldenen Schnitt «das Grundprinzip aller nach Schönheit und Totalität drängenden Gestaltung im Reich der Natur wie im Gebiet der Kunst». Es ist außerordentlich bemerkenswert, welche Wirkung ein, wenn überhaupt, mittelmäßiger Wissenschaftler mit einem Werk haben konnte, das zwischen spekulativen Behauptungen und bestenfalls dilettantischen Untersuchungen schwankt.

Der goldene Schnitt wurde dann in vielen Kunstwerken gesucht – und gefunden. Immer wieder angeführt werden
- die Venus von Milo (ca. 100 v. Chr.), die als Musterbeispiel von Schönheit gilt;
- das Parthenon auf der Akropolis in Athen, bei dem sich Breite und Höhe, aber auch viele andere Proportionen im goldenen Schnitt verhalten sollen;
- Hieronymus Bosch, Der Heuwagen (1490);
- Raffael, Triumph der Galatea (1512) und die berühmte Sixtinische Madonna (1512/13).
- Und natürlich darf in dieser Aufzählung auch das berühmteste Gemälde der Welt, die «Mona Lisa» von Leonardo da Vinci, nicht fehlen.

Im Mathematikum werden vier der oben genannten Kunstwerke gezeigt, wobei jeweils der goldene Schnitt eingezeichnet ist. Es zeigt sich, dass jedenfalls bei diesen Kunstwerken der goldene Schnitt eine erkennbare Rolle beim Bildaufbau spielt.

Nebenbei wird noch eine Methode zur Berechnung des goldenen Schnitts gezeigt, die schon Johannes Kepler gekannt hat: Wenn wir zwei aufeinanderfolgende Fibonacci-Zahlen durcheinander dividieren, erhalten wir eine gute Approximation des goldenen Schnitts. An den Seiten der Bilder erkennen wir die Einteilungen $3:2$, $5:3$, $8:5$, $13:8$ und $21:13$. Wir sehen, dass sich diese Verhältnisse dem goldenen Schnitt immer besser annähern und abwechselnd unterhalb bzw. oberhalb des goldenen Schnitts liegen.

Man muss bei all diesen Zuschreibungen des goldenen Schnitts jedoch auch Folgendes bedenken:

- Beim Messen des goldenen Schnitts entstehen unvermeidlich Fehler, denn hundertprozentig exakte Messungen gibt es nicht. Letztlich kann man empirisch nicht belegen, ob ein gewisses Teilungsverhältnis der goldene Schnitt ist oder ob sich die entsprechenden Abschnitte im Verhältnis $8:5$ oder auch «nur» im Verhältnis $3:2$ teilen.
- Von keinem der Künstler sind Aussagen darüber erhalten, dass er den goldenen Schnitt verwendet hat. (Allerdings haben wir von den meisten dieser Künstler überhaupt keine eigenen Beschreibungen ihres Schaffensprozesses.)
- Die meisten Zuschreibungen, die man in der Literatur findet, sind kunsthistorisch nicht abgesichert. Insbesondere wissen wir nicht, inwiefern

dem goldenen Schnitt im Werk des Künstlers insgesamt eine Bedeutung zukommt. So wurde bei keinem der Künstler je eine «goldene Periode» identifiziert, in der der goldene Schnitt gehäuft in Erscheinung tritt.

Gegen Ende des 19. Jahrhunderts änderte sich die Situation grundlegend. Seit dieser Zeit gibt es bedeutende Künstler, die den goldenen Schnitt bewusst und explizit in ihren Werken einsetzen. Das zeigt sich unter anderem am Namen der französischen Künstlergruppe La Section d'Or, die von 1912 bis ca. 1918 wirkte und etwa Marcel Duchamp (1887–1968) zu ihren Mitgliedern zählte. Die Künstler der Section d'Or verwendeten nicht durchgängig den goldenen Schnitt, sie verband aber eine intellektuelle, «mathematische» Kunstauffassung.

Der Künstler George Seurat (1859–1891) war nur lose mit der Section d'Or verbunden; in seinen Werken konnte jedoch an vielen Stellen der goldene Schnitt nachgewiesen werden.

Von herausragender Bedeutung ist die Theorie und Praxis von Le Corbusier. Le Corbusier (1887–1965) war einer der bedeutendsten Architekten und Architekturtheoretiker des 20. Jahrhunderts. Für ihn war der goldene Schnitt ausschlaggebend. Er argumentiert wie folgt: Die Proportionen des menschlichen Körpers sind nach dem goldenen Schnitt geformt. Also muss eine Architektur, die dem Menschen angemessen ist, sich ebenfalls nach dem goldenen Schnitt richten. Dazu stellte Le Corbusier im Jahre 1948 seinen «Modulor» vor, ein spezielles Maßwerkzeug, mit dem man bequem den goldenen Schnitt verifizieren kann.

In der zweiten Hälfte des 20. und im 21. Jahrhundert wurde der goldene Schnitt in vielen Werken der sogenannten Konkreten Kunst mehr oder weniger explizit gezeigt oder zum Bildaufbau benutzt. Besonders erwähnenswert ist das Werk von Jo Niemeyer (geb. 1946), der dem goldenen Schnitt überraschende neue Seiten abgewinnt (siehe Abschnitt 64, «Der goldene Schnitt»).

68
Der Vitruvianische Mann

Dieses Bild kennt jeder. Allgemein ist es unter dem Begriff «Leonardo-Mann» bekannt. Heute wird dieses Bild als Ikone benutzt und schmückt die verschiedensten Objekte: von der italienischen 1-Euro-Münze bis zur Krankenversichertenkarte.

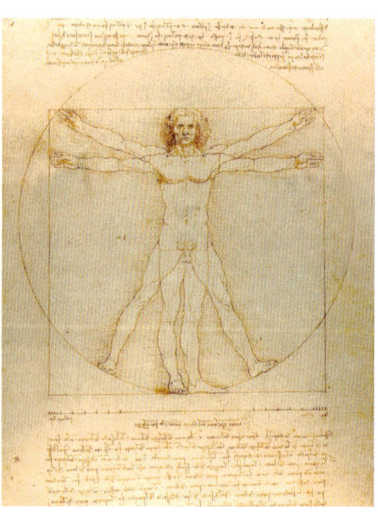

Eine bessere Bezeichnung für dieses Bild ist «Der Vitruvianische Mann». Es ist zwar richtig, dass Leonardo da Vinci die Zeichnung im Jahr 1490 angefertigt hat, aber er hat damit die Proportionslehre des römischen Architekten und Kunsttheoretikers Vitruv (80/70 v. Chr. – ca. 10 n. Chr.) illustriert.

Vitruv stand, wie jeder Künstler, vor der Frage: Was sind die «richtigen» Längenverhältnisse? Insbesondere: Was sind die richtigen Proportionen für den menschlichen Körper? Er behauptet, dass der Mensch – unter anderem – durch zwei geometrische Figuren bestimmt ist: den Kreis und das Quadrat. Er schreibt:

Liegt ein Mensch mit gespreizten Armen und Beinen auf dem Rücken und setzt man eine Zirkelspitze an die Stelle des Nabels und schlägt einen Kreis, dann werden von dem Kreis die Fingerspitzen beider Hände und die Zehenspitzen berührt.

Wenn man von den Fußsohlen bis zum Scheitel Maß nimmt und wendet dieses Maß auf die ausgestreckten Hände an, so wird sich die gleiche Breite und Höhe ergeben - wie bei einem Quadrat.

Vitruv ist also der Überzeugung, dass sich der Mensch sowohl in den Kreis als auch in ein Quadrat einfügt. In dem Exponat im Mathematikum kann man ausprobieren, ob man selbst in ein Quadrat passt. Ist Ihre Körpergröße wirklich genauso groß wie die Spannweite Ihrer Arme? Passen Ihre Füße und ausgestreckten Fingerspitzen auf einen Kreis?

Im Mathematikum wurde das Originalbild durch verschieden große Quadrate und Kreise ergänzt, wobei zusammengehörige Quadrate und Kreise die gleiche Farbe haben. Man muss sich wie der Mann ins Quadrat stellen. Wenn die Körpergröße der Höhe des grünen Quadrats entspricht, dann «sollte» man mit ausgestreckten Fingerspitzen auch die Seiten des grünen Quadrats berühren. Und wenn man die Arme ein Stückchen hebt, erreicht man den Schnittpunkt des grünen Kreises mit dem grünen Quadrat.

Bei den meisten Menschen stimmen die Proportionen nicht mit denen des Vitruvianischen Mannes überein. Vermutlich ist die Idee, dass sich menschliche Proportionen so einfach mit Quadrat und Kreis beschreiben lassen, einfach zu schön, um wahr zu sein.

Kapitel 13
Alles eine Frage der Perspektive

Wenn wir die Welt von einem festen Punkt aus betrachten, sehen wir diese «in perspektivischer Darstellung». Indem wir uns bewegen, erleben wir einen kontinuierlichen Perspektivwechsel, wodurch sich unsere Raumvorstellung bildet. Weil wir aber an den ständigen Perspektivwechsel so sehr gewöhnt sind, tun wir uns schwer, die einzelne, feste perspektivische Ansicht wahrzunehmen. Dabei bietet auch diese manche Überraschungen und viele Erkenntnisse.

69
Auf den Blickpunkt kommt es an

«Parallele Geraden schneiden sich im Unendlichen», so hört man manchmal. Welcher präzise mathematische Sachverhalt sich hinter dieser Aussage verbirgt, wird in diesem Experiment deutlich. Durch ein Guckloch blickt man auf Schienen, die auf dem Boden verlaufen. Kurz hinter dem Guckloch ist eine senkrechte Glasscheibe befestigt, auf der zwei oben zusammenlaufende Linien und viele waagerechte Verbindungsstrecken aufgezeichnet sind. Die zwei zusammenlaufenden Linien kann man ohne weiteres mit den parallelen Schienen zur Deckung bringen, und die waagerechten Strecken passen perfekt auf die Schwellen.

Das mathematische Thema dieses Experiments ist die Perspektive, seine künstlerische Fragestellung die des perspektivischen Zeichnens. Diese Gebiete entwickelten sich gemeinsam, ja sie waren sogar miteinander identisch. Nachdem man schon viele Jahrhunderte lang mit körperlichen («räumlichen») Darstellungen einer Person oder eines Objekts experimentiert hatte, trat zu Beginn der Renaissance (im 14. und 15. Jahrhundert) eine dramatische Veränderung des Ziels auf. Man wollte nicht nur ein einzelnes Objekt «körperlich» darstellen, sondern die ganze Welt (das heißt den gesamten dreidimensionalen Raum) auf einem Bild erfassen. Der moderne Kunsthistoriker Erwin Panofsky (1892–1968) sagt dazu: «Wir wollen da, und nur da, von einer im vollen Sinne ‹perspektivischen Raumanschauung› reden, wo nicht nur einzelne Objekte, wie Häuser oder Möbelstücke, in einer ‹Verkürzung› dargestellt werden, sondern wo sich das ganze Bild […] gleichsam in ein ‹Fenster› verwandelt hat, durch das wir in den Raum hindurchzublicken glauben sollen …»

Mit anderen Worten hat das schon ein halbes Jahrtausend zuvor Leonardo da Vinci (1452–1519) in seinem «Libro di pittura» beschrieben: «Die Perspektive ist nichts anderes, als wenn man eine Szene hinter einem flachen und gut durchsichtigen Glas sieht, auf dessen Fläche alle Gegenstände aufgezeichnet sind, die sich hinter dem Glas befinden.» Genau das sieht man bei dem Schienenexperiment: Schaut man durch das Guckloch, sind die «wirklichen» Schienen und ihr Bild auf der Glasscheibe dasselbe. Die Schienen laufen aufeinander zu und schneiden sich in einem Punkt. Schauen wir die Schienen aber von der Seite an oder gehen gar an ihnen vorbei, dann erkennen wir, dass sie überall den gleichen Abstand haben, also parallel sind. Was man sieht, hängt also vom Ort des Betrachters ab. Auf den Blickpunkt kommt es an!

Zum Weiterdenken

Um das mathematisch zu verstehen (und im Grunde kann man es nur mit Hilfe der Mathematik verstehen), machen wir uns zunächst klar, wie ein Punkt abgebildet wird. Wo muss der Bildpunkt auf der Scheibe angebracht werden, der dem originalen Punkt entspricht? Es ist einfach der «Durchstoßpunkt» des Sehstrahls, der vom Auge bis zu dem realen Punkt führt. Mathematisch bezeichnen wir den Augpunkt (das heißt das Guckloch) mit O und die Ebene, die durch die Glasplatte gebildet wird, mit E. Um einen Punkt P abzubilden, verbinden wir O mit P durch eine Gerade. Dort, wo diese Gerade die Ebene E schneidet, ist der Bildpunkt P'.

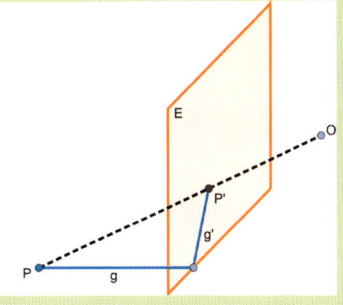

Wie wird eine Schiene, das heißt eine einzelne Gerade g, abgebildet? Eigentlich muss man alle Punkte P auf der Geraden g betrachten und jeweils die Gerade durch O und P mit E schneiden. Da alle diese Geraden zusammen eine Ebene bilden, lässt sich das auch einfacher beschreiben: Die Gerade g erzeugt zusammen mit dem Augpunkt O eine Ebene E'. Diese schneidet die Bildebene E in einer Geraden g' (denn je zwei nichtparallele Ebenen schneiden sich in einer Geraden). Also: Jede Gerade g wird auf eine Gerade g' abgebildet.

Wie werden zwei parallele Geraden g und h, die senkrecht zur Ebene E stehen, also das Schienenpaar, abgebildet? Das haben wir uns soeben klargemacht. Man bildet zum einen die Ebene E', die von g und O erzeugt wird; der Schnitt dieser Ebene mit E ergibt die Bildgerade g'. Zum anderen bildet man die Ebene F', die von h und O erzeugt wird, und schneidet diese mit E; die dabei entstehende Gerade h' ist die Bildgerade.

Die Frage ist: Wie liegen diese Bildgeraden g' und h' zueinander?

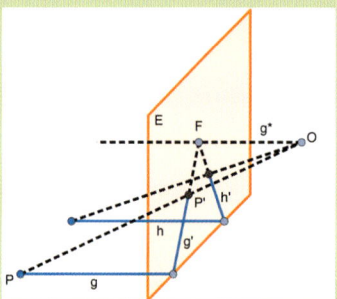

Um das zu sehen, gehen wir nochmals einen Schritt zurück und betrachten die Ebenen E' und F'. Dies sind zwei Ebenen, die beide durch den Punkt O gehen. Also können diese Ebenen nicht parallel sein, und daher schneiden sie sich in einer Geraden g*. Diese Gerade geht durch den Augpunkt O und schneidet sowohl die Gerade g als auch die Gerade h. Das heißt: Wenn man von O aus entlang der Geraden g* schaut, sieht man einen Punkt (die Gerade g* schrumpft zu einem Punkt), der auf (den Verlängerungen von) g' und h' liegt (denn g* ist parallel zu g und h).

Der Punkt, den man in Richtung g* sieht, wird «Fluchtpunkt» genannt und mit F bezeichnet. Dieser liegt genau auf der Höhe des Auges.

Zusammenfassend kann man sagen: Perspektivisch zeichnen heißt, die Welt von einem festen Punkt aus betrachten. Der Umgang mit der Perspektive fällt uns deswegen so schwer, weil wir dadurch, dass wir uns bewegen, immer viele Bilder im Kopf haben und unser Gehirn diese zu einem Gesamtbild zusammensetzt.

Natürlich treffen sich reale Schienenpaare nicht wirklich; dazu müssten sie unendlich lang sein. Aber wenn man die Schienen von einem Punkt aus anschaut, kann man zweierlei sehr deutlich sehen: Zum einen kommen die Schienen dem Fluchtpunkt immer näher und zum anderen verlaufen die Verlängerungen der Schienen offensichtlich durch den Fluchtpunkt.

Die Mathematiker haben eine Theorie entwickelt, in der die «normalen» Punkte und die «unendlich fernen» Punkte (das sind die, in denen sich parallele Geraden schneiden) gleichberechtigt behandelt werden. Dieser Teil der Geometrie wird «projektive Geometrie» genannt.

70
Was ist perspektivisches Zeichnen?

Wie kann man ein räumliches Objekt, ein Haus, einen Menschen oder ein Musikinstrument auf einem ebenen Blatt Papier so darstellen, dass sich eine räumliche Wirkung einstellt?

Diese Frage wurde erstmals in der Renaissance systematisch behandelt. Neben der räumlichen Wirkung bei Bühnenbildern verwendete man vorher die sogenannte Bedeutungsperspektive; bei dieser werden wichtige Personen groß und unwichtige klein gezeichnet.

Als Erfinder der Perspektive, genauer gesagt: der Zentralperspektive, gilt der florentinische Architekt und Bildhauer Filippo Brunelleschi (1377–1446). Wenig später lernte der deutsche Maler Albrecht Dürer (1471–1528) die Kunst des perspektivischen Zeichnens in Italien und stellte sie dann in mehreren Werken detailliert dar.

Beim perspektivischen Zeichnen geht es um ein möglichst exaktes Bild des Raums oder eines Objekts im Raum. Dabei lautet die entscheidende Frage: Wie sieht die Welt aus, wenn man sie von einem Punkt aus betrachtet? Für jede Art des perspektivischen Zeichnens ist die Festlegung dieses Punktes, des sogenannten Augpunktes, entscheidend.

Der Holzstich «Der Zeichner der Laute» aus Dürers «Underweysung der Messung, mit dem Zirckel und Richtscheyt» von 1525 sieht auf den ersten Blick kompliziert aus, er zeigt aber die Idee des perspektivischen Zeichnens in unüberbietbarer Klarheit.

Auf dem Stich sind zwei Männer bei gemeinsamer Arbeit zu sehen. Diese Arbeit besteht darin, einen Punkt zu zeichnen, genauer gesagt einen bestimmten Punkt des Musikinstruments (einer «Laute») an die richtige Stelle auf das Papier zu bringen. Das Papier ist auf einer Art Rahmen be-

festigt, der aufgeklappt ist und von dem links stehenden Gehilfen gehalten wird. Mit seiner rechten Hand hält der Gehilfe einen Stab und markiert damit den zu zeichnenden Punkt der Laute. An dem Stab ist eine Schnur befestigt. Diese verläuft durch den Rahmen über eine Öse an der rechten Wand und wird durch ein Gewicht straff gespannt.

Der rechts sitzende Meister fixiert an dem Rahmen einen senkrechten Faden, welcher die gespannte Schnur berührt. Ebenso zieht er einen waagerechten Faden, der ebenfalls auf die vom Gehilfen gehaltene Schnur trifft. Die waagerechte und die senkrechte Schnur markieren so einen Punkt.

Danach lässt der Gehilfe die Schnur an der Laute los und klappt den Rahmen zu. Jetzt kann der Meister einen Punkt auf das Papier malen, und zwar an genau der Stelle, an der sich der zuvor angebrachte senkrechte Faden mit dem waagerechten Faden trifft.

Wenn auf diese Weise eine Reihe von Punkten konstruiert wurde, kann ein erfahrener Künstler die Punkte zu Linien verbinden und erhält so ein naturgetreues Abbild der Laute.

Mathematisch ist eine solche perspektivische Abbildung leicht zu beschreiben: Man verbindet den festen Augpunkt O mit dem abzubildenden Punkt P durch eine Gerade g und schneidet diese mit der Bildebene E. In Dürers Bild ist der Augpunkt die Öse, über die das Seil läuft, der Punkt P entspricht der Stelle an der Laute, den der Gehilfe markiert, die Gerade g ist die Schnur, die von der Laute zur Öse gespannt wird, und die Bildebene ist der zugeklappte Rahmen.

Das beschriebene Verfahren ist technisch außerordentlich aufwändig. Deshalb griffen die Künstler auch zu anderen Methoden. Zu diesen zählt die Verwendung eines Gitters.

Bei dieser Methode, die auch auf Dürer zurückgeht, sieht der Maler das Objekt durch ein Gitter. Auch auf seinem Zeichenblatt liegt ein Gitter, sozusagen ein «Koordinatensystem». Er betrachtet das Objekt von einem genau definierten Augpunkt aus und überträgt das, was er in einem Feld des Gitters sieht, auf das entsprechende Feld seines Zeichenblatts. Das illustriert Dürer anhand der Herstellung einer Aktzeichnung («Der Zeichner des liegenden Weibes»).

71
Groß und Klein

Die perspektivische Darstellung eines Raums erzeugt in unserem Gehirn ein Bild des wahren Raums. Aber es bleibt eine zweidimensionale Darstellung. Wird die perspektivische Abbildung nicht korrekt durchgeführt oder bewusst boykottiert, kommt es zu interessanten Effekten.

Dieses Experiment besteht aus der Zeichnung eines Ganges, der durch Bögen strukturiert ist. Die beiden Figuren, ein Mädchen und ein Junge, sind als solche exakt gleich groß. Sie können irgendwo auf dem Bild angebracht werden. «Vorne», also am Anfang des Bogengangs, scheinen sie eine normale Größe zu haben. Schiebt man sie jedoch nach rechts oben, werden sie zu Riesen. Auf diese Weise erreicht man, dass das Mädchen viel größer als der Junge zu sein scheint, aber auch das Gegenteil ist möglich.

Woran liegt das? Das menschliche Gehirn ist auf das perspektivische Sehen eingestellt und «weiß», dass weit entfernte Dinge kleiner wirken, weil sie unter einem kleineren Winkel gesehen werden. Daher interpretiert unser Gehirn weit entfernte Objekte als viel größer, als es sie physikalisch sieht.

Unser Gehirn «weiß», dass ein Mensch in 50 Meter Entfernung nicht klein ist, obwohl das Bild auf unserer Netzhaut tatsächlich viel kleiner ist, als würde der Mensch direkt vor uns stehen.

Der Bogengang im Hintergrund des Experiments suggeriert eine große räumliche Tiefe. Das Kind, das in diesem Gang «hinten» steht, erreicht mit seinem Kopf fast die Höhe des Bogens. Daraus schließt unser Gehirn, dass dieses Kind «in Wirklichkeit» viel größer sein müsste als das Kind, das «vorne» steht und nur so groß ist wie drei Steinblöcke.

Der perspektivische Aufbau des Bildes gibt sogar einen Hinweis darauf, wie klein eine Figur im Hintergrund gezeichnet werden müsste, damit sie genau so groß erscheint wie die Figur im Vordergrund: Da Letztere genau drei Steinhöhen groß ist, muss dies auch für eine Figur im Hintergrund gelten.

Oft wird dieser Effekt als eine «optische Täuschung» bezeichnet. Es ist aber viel mehr: Es zeigt uns sehr präzise, wie Perspektive funktioniert!

Die Idee, dass eine Figur immer größer wird, wenn sie sich entfernt, beziehungsweise kleiner wird, wenn sie sich uns nähert (sich also genau «falsch» verhält), wurde von Michael Ende (1929–1995) aufgenommen. In seinem Kinderbuch «Jim Knopf und Lukas der Lokomotivführer» (1960) tritt diese «falsche Perspektive» bei dem Scheinriesen, Herrn Tur Tur, in Erscheinung.

72
Alle Dreiecke sind gleich

Schatten üben eine große Faszination aus. Das lässt sich am Schatten des eigenen Körpers erkennen. Einerseits ist der Schatten ein Abbild von mir und stellt mich in gewisser Weise dar. Andererseits ist er auch *nur* ein Schatten von mir. Er vergrößert, verändert und verzerrt mich manchmal bis ins Groteske.

Wie der Schatten einem Objekt eine andere Gestalt gibt, kann man sehr schön an dem Experiment «Alle Dreiecke sind gleich» sehen. Man nimmt ein Dreieck aus Metall, hält es ins Licht, sieht den Schatten des Dreiecks – und versucht, das Dreieck so zu halten, dass sein Schatten mit einem der gleichseitigen Dreiecke an der Wand zusammenfällt.

Das ist schwieriger als gedacht. Das Dreieck kann vor- und zurückbewegt, es kann gedreht und gekippt werden – und nur die richtige Kombination aus diesen Bewegungen führt zum Ziel. Als Experimentator hat man häufig den Eindruck, den eigenen Arm verknoten zu müssen, bis endlich eine Übereinstimmung von Schattendreieck und aufgemaltem Dreieck erzielt ist.

Es ist erstaunlich: Die Metalldreiecke haben sehr unterschiedliche Formen, und doch kann man jedes auf ein gleichseitiges Dreieck projizieren! In diesem Sinne ist der Titel des Expe-

riments zu verstehen: Alle Dreiecke sind gleich, weil man jedes auf ein gleichseitiges projizieren kann. Übrigens könnte man jedes Drahtdreieck auch so halten, dass sein Schatten ein x-beliebiges anderes Dreieck ergibt, zum Beispiel ein gleichschenkliges oder ein rechtwinkliges.

Das liegt daran, dass sich bei einer Projektion vieles verändert und nur weniges gleich bleibt. Wir wissen, dass sich die Größe der Objekte bei einer Projektion verändert. Wenn das Objekt weit entfernt von der Lichtquelle ist, ist sein Schatten klein; je näher man es an die Lichtquelle bringt, desto größer wird der Schatten.

Das können wir noch etwas genauer sagen: Zwar wird eine Strecke (zum Beispiel ein Stab) stets auf eine Strecke abgebildet, aber ihre Länge verändert sich, wenn man den Stab schräg hält. Im Extremfall kann die gesamte Strecke sogar zu einem Punkt schrumpfen, wenn der Stab genau in die Richtung der Lichtquelle zeigt. Auch ein Winkel wird immer auf einen Winkel abgebildet, aber die Größe des Winkels variiert; sie kann sogar null oder 180 Grad werden, wenn die beiden Schenkel des Winkels zusammen mit der Lichtquelle in einer Ebene liegen.

Wie kann man ein beliebiges Drahtdreieck so projizieren, dass sein Schatten ein gleichseitiges Dreieck ist? Dafür gibt es viele Möglichkeiten. Wir beschreiben hier eine, die vielleicht nicht sehr praktikabel, aber vom Prinzip her gut verständlich ist.

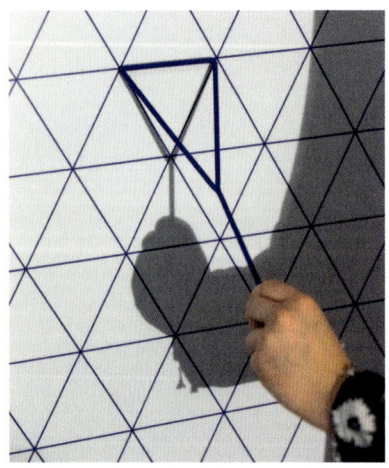

Dazu halten wir eine Kante des Metalldreiecks auf eine Kante eines Dreiecks an der Wand. Wir betrachten zunächst den Fall, dass diese Kanten genau gleich lang sind.

Dann kann unser Drahtdreieck auf das Dreieck an der Wand projiziert werden: Dazu muss man die Verbindungsgerade der dritten Ecke des Dreiecks an der Wand mit der dritten Ecke des Drahtdreiecks betrachten. Liegt die Lichtquelle auf dieser Geraden, dann werden die drei Ecken des Metalldreiecks auf die drei Ecken des Dreiecks an der Wand projiziert. (Die Voraussetzung ist hier, dass die Lichtquelle im Raum frei beweglich ist; daher ist diese Überlegung zwar vollkommen richtig, aber sie lässt sich in der Praxis nicht immer gut umsetzen.)

Wenn nun die Kanten des Metalldreiecks und des Dreiecks an der Wand voneinander abweichen, etwa weil die eine länger als die andere ist, dann stellen wir uns für einen Augenblick vor, dass die Dreiecke an der Wand so vergrößert oder verkleinert werden, dass die Kante des Drahtdreiecks genau auf eine Kante des Wanddreiecks passt. Dann platzieren wir die Lichtquelle so wie im ersten Fall. Anschließend verschieben wir das Drahtdreieck parallel, bis die Größe mit dem ursprünglichen Dreieck an der Wand übereinstimmt.

73
Die Eins

Fällt unser Blick zufällig auf die wirren Drähte an der Wand, schauen wir in der Regel schnell weiter; denn dieses Chaos sagt uns gar nichts.

Es handelt sich um ein Experiment, ja sogar um ein Kunstwerk, das in virtuoser Weise mit Schatten spielt. Nach einer Minute Pause geht jeweils für eine Minute eine Lampe an, die die Drähte aus einer ganz bestimmten Richtung beleuchtet. Das Licht bewirkt, dass jeder einzelne Draht einen Schatten wirft. Dieser wird vermutlich genauso krumm und schief sein wie der Draht. Aber all diese kleinen Schatten vereinigen sich zu einem großen Schattenbild, in unserem Fall einer großen, klar erkennbaren Eins.

Diese Installation ist ein Werk des amerikanischen Künstlers Larry Kagan (geb. 1946); weitere Werke von Kagan sind auf http://larrykagansculpture.com/ zu bewundern.

74
Der schiefe Raum

Schon der erste Blick, den man in diesen kleinen Kasten wirft, zeigt einem, dass hier nichts stimmt. Man erkennt ein Zimmer mit schiefen Wänden und schrägen Fenstern, dessen Boden aus stark verzerrten Fliesen besteht. Das einzig Normale scheinen die beiden Playmobilmännchen zu sein, die, wie alle Playmobilfiguren, gleich groß sind.

Blickt man aber durch ein Guckloch an der Vorderseite des Kastens und rückt mit dem Auge ganz nah an das Guckloch heran, so zeigt sich ein komplett anderes Bild. Der Raum hat sich verwandelt: Fenster und Tür erscheinen rechtwinklig, und auch das Schachbrettmuster am Boden «stimmt». Das einzig Seltsame sind die beiden Figuren; sie scheinen nebeneinanderzustehen, sind aber von ganz unterschiedlicher Größe.

Dieses Experiment ist eine Variante des sogenannten Ames-Room, der von dem amerikanischen Psychologen Adelbert Ames (1880–1955) im Jahr 1946 konstruiert wurde. Seine Überlegungen wurden angeregt durch Gedanken, die der deutsche Physiker Hermann von Helmholtz (1821–1894) gegen Ende des 19. Jahrhunderts entwickelt hatte. Helmholtz stellte sich einen Raum vor, der zwar völlig «aus den Fugen» ist, aber von einem bestimmten 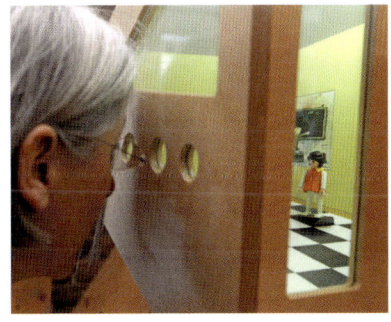 Punkt aus wie ein ordentlicher quaderförmiger Raum aussieht. Wie immer bei der Perspektive ist es entscheidend, von welchem Punkt aus man schaut.

75
Das unmögliche Dreieck

Das gibt's doch nicht! Betrachtet man dieses Objekt von weitem, meint man etwas zu sehen, was es nicht geben kann! Drei Balken mit quadratischem Querschnitt fügen sich so zusammen, dass sich insgesamt ein perfektes Dreieck zu ergeben scheint. An jeder Stelle stimmt es, aber insgesamt kann es nicht sein, denn mit viereckigen Balken bekommt man auf diese Weise kein Dreieck hin!

Das unmögliche Dreieck geht auf den schwedischen Künstler Oscar Reutersvärd (1915–2002) zurück, der dieses erstaunliche Objekt im Jahr 1934, als er gerade 18 Jahre alt war, erfand. Er hat das Dreieck nicht nur aus Balken zusammengesetzt, sondern jeden Balken aus vier Kuben aufgebaut, was die Konstruktion noch eindrücklicher macht. 1982 hat die schwedische Post eine Serie von Briefmarken mit unmöglichen Figuren von Reutersvärd herausgebracht; die erste Marke zeigt das unmögliche Dreieck.

Der Psychologe Lionel Penrose (1898–1972) und sein Sohn, der berühmte Physiker und Mathematiker Roger Penrose (geb. 1931), fanden das unmögliche Dreieck Mitte der Fünfzigerjahre des letzten Jahrhunderts, ohne von Reutersvärd zu wissen. Durch die beiden Briten wurde dieses Objekt sehr populär, weshalb es heute oft auch – ungerechterweise – Penrose-Dreieck genannt wird.

236

Der niederländische Künstler M. C. Escher (den L. Penrose und R. Penrose zitieren) hat die zugrunde liegende Idee virtuos weiterentwickelt und damit solche Ikonen wie die unendliche Treppe geschaffen.

Betrachtet man ein unmögliches Dreieck aus der Nähe, erinnert zunächst einmal nichts an ein Dreieck und nichts an etwas Unmögliches. Man sieht drei Vierkantbalken, wobei der waagerechte untere Balken mit jedem der beiden anderen solide verbunden ist, und zwar im Winkel von 90 Grad, so dass die beiden anderen Balken in verschiedene Richtungen zeigen und sich keineswegs treffen. Das Raffinierte ist, dass aus dem nach vorne zeigenden Balken ein Stück ausgeschnitten ist, und zwar genau so, dass – vom richtigen Standpunkt aus betrachtet – das obere Ende des nach hinten zeigenden Balkens exakt hineinpasst.

Kapitel 14
Rasante Kurven

Kurven können auf vielerlei Weisen entstehen. Manche Kurven bilden sich aufgrund von Bewegung; das erkennen wir zum Beispiel am Flug eines Balls oder an der Form der Fontäne eines Springbrunnens. Eine andere Möglichkeit für die Entstehung einer Kurve ist der gegenseitige Zusammenhalt von Teilen, wie er sich zum Beispiel bei einem Gewölbebogen zeigt. Schließlich kann sich eine Kurve auch dadurch ergeben, dass sich ein Objekt einem anderen anpasst. So entsteht ein rundes Rad durch Rollen eines noch nicht runden Objekts auf einem ebenen Untergrund.

76
Die Sinuskurve

Es gibt kaum etwas, das Schwung und Regelmäßigkeit so in sich vereinigt wie eine Sinuskurve. Sie sieht nicht nur faszinierend aus, sondern spielt auch in der Mathematik und in der Physik eine besondere Rolle.

Das Experiment sieht auf den ersten Blick harmlos aus. Man kann Rollen auf einer schrägen Bahn hinablaufen lassen. Das ist noch nichts Besonderes. Aber auf diesen Rollen sind Metallstifte in einem bestimmten Muster angebracht, und in die Bahnen sind Löcher eingestanzt. Nur wenn man die richtige Rolle wählt und präzise ansetzt, passen die Stifte genau in die Löcher. Dann aber läuft die Rolle wie von selbst über die Bahn.

Wir betrachten die Anordnungen der Stifte und der Löcher genauer. Wenn wir uns die blaue Rolle von der Seite ansehen, erscheinen die Stifte entlang einer Geraden angeordnet. Stellt man sich vor, dass die Rolle entlang der Stifte aufgeschnitten würde, so erhält man als Schnittfläche eine Ellipse. Interessanterweise passen diese Stifte genau in die geschwungen angeordneten Löcher. Wenn eine Ellipse abrollt, ergibt sich eine gleichmäßig hin und her schwingende Kurve, eben die «Sinuskurve».

Ein ähnliches Experiment kann jeder beim Abendessen machen. Wenn man eine Wurst schräg durchschneidet, ergibt sich als Schnittfläche eine Ellipse. Wickelt man nun die Pelle ab und breitet sie aus, so kann man an der Schnittlinie eine Sinuskurve erkennen.

Statt mit Lebensmitteln zu experimentieren, kann man auch eine leere Toilettenpapier-Rolle benutzen. Mit einem scharfen Messer schneidet man die Rolle in einem Winkel von etwa 45 Grad durch. Für eine bessere Stabilität kann man die Rolle vorher mit Papier ausstopfen. Schneidet man anschließend den Mantel auf und rollt ihn ab, so wird wieder die Sinuskurve sichtbar.

Die Sinuskurve ist «periodisch». Das bedeutet, sie wiederholt sich in regelmäßigen Abständen. Die Wurst- bzw. Pappschablone hat genau die Länge einer Periode. Daher kann man die Schablone immer wieder neu anlegen, um eine beliebig lange Sinuskurve zu erhalten.

Zum Weiterdenken

Um uns das Phänomen mathematisch klarzumachen, nehmen wir ein dreidimensionales Koordinatensystem zu Hilfe, bei dem die z-Achse von unten nach oben zeigt, die y-Achse von links nach rechts und die x-Achse von vorne nach hinten. Wir stellen uns nun einen Zylinder (die Rolle) vor, und zwar so, dass dessen Mittelachse die z-Achse ist und die schräge Ebene, die die Ellipse definiert, durch den Nullpunkt geht.

Von vorne gesehen (also auf die y-z-Ebenen projiziert) sieht die schräge Ebene wie eine Gerade durch den Nullpunkt aus. Diese hat die Gleichung $z = m \cdot y$.

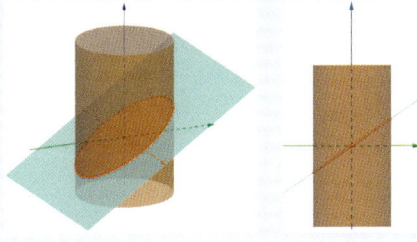

Jetzt lassen wir den Zylinder ein bisschen entlang der y-Achse rollen, und zwar so, dass seine Achse immer in der y-z-Ebene liegt. Dann «rollt» der Zylinder sozusagen auf der Ebene, die parallel zur y-z-Ebene ist und zu dieser den Abstand r hat. Wir fragen uns, wie hoch der Punkt der Ellipse ist, der diese Ebene berührt. Gleichwertig dazu kann man den Zylinder an Ort und Stelle belassen und sich fragen, wie hoch der Punkt der Ellipse ist, wenn wir uns um einen gewissen Winkel t bewegen. Dazu schauen wir den Zylinder von oben an (das heißt, wir projizieren ihn auf die x-y-Ebene); das ergibt einen Kreis. Dessen Koordinaten kann man mit dem Winkel t wie folgt beschreiben:

$$x = r \cdot \cos(t),$$
$$y = r \cdot \sin(t),$$

wobei r der Radius des Kreises ist.

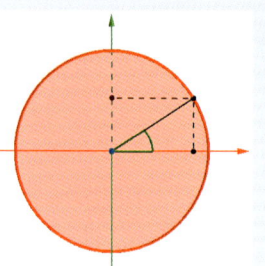

Die Bahn, die die Stifte beim Abrollen zurücklegen, lässt sich als Höhe z in Abhängigkeit des Winkels t interpretieren. Aus obigen Überlegungen ergibt sich

$$z = m \cdot y = m \cdot r \cdot \sin(t).$$

Dies ist die Gleichung einer Sinuskurve mit der Amplitude $m \cdot r$.

Umgekehrt kann man auch eine Abrollkurve vorgeben und sich fragen, wie ein passender Schnitt, das heißt die Anordnung der Stifte auf der Rolle, aussehen müsste. Betrachten wir dazu die rote Rolle. Die Bahn ist hier zickzackförmig aus geraden Stücken zusammengesetzt. Demgegenüber sind die Stifte auf der roten Rolle in einer gebogenen Linie mit zwei Spitzen angeordnet.

Damit sich als Abwicklung eine Gerade ergibt, müssen die Stifte in Form der «Umkehrung» der Sinusfunktion platziert werden. Diese Umkehrung wird auch als «Arkussinus» bezeichnet.

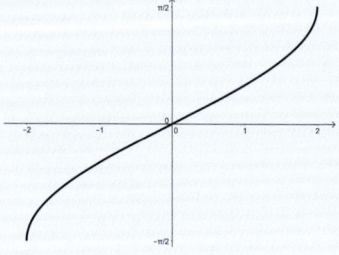

77
Wo geht's am schnellsten runter?

«Die Gerade ist die kürzeste Verbindung zwischen zwei Punkten.» Das ist eine schon fast sprichwörtliche Weisheit. Daher würde man sich wohl auch für eine geradlinige Verbindung entscheiden, wenn man schnellstmöglich von A nach B kommen möchte.

In vielen Fällen ist das eine falsche Entscheidung. Das zeigt uns ein berühmtes Experiment: Zwei Bahnen verbinden einen höher gelegenen Punkt mit dem Ziel am Fußboden. Die eine Bahn verläuft geradlinig, die andere ist gebogen: Am Anfang fällt sie steil ab und läuft am Ende flach aus. Startet man zwei Kugeln gleichzeitig, so hört man beim Zieleinlauf  zwei Anschläge; also müssen die Kugeln zu verschiedenen Zeitpunkten angekommen sein. Wenn man das Experiment wiederholt und genau aufpasst, sieht man, dass die Kugel auf der gebogenen Bahn einen klaren Vorsprung hat. Man muss sich allerdings konzentrieren, denn das Ganze dauert kaum eine Sekunde.

Warum ist die Kugel auf der gekrümmten Bahn schneller als die auf der geraden, obwohl sie doch eine längere Strecke zurücklegen muss?
   Durch die Erdanziehung werden beide Kugeln während ihres Laufs immer schneller, bis sie beim Zieleinlauf ihre maximale Geschwindigkeit erreicht haben. Diese Maximalgeschwindigkeit ist bei beiden gleich, da an dieser Stelle jeweils die gesamte Lageenergie vom Anfang in Bewegungsenergie umgewandelt ist.

Aber die Zunahme der Geschwindigkeit ist bei beiden Bahnen verschieden. Die Geschwindigkeit der Kugel auf der gekrümmten Bahn nimmt viel schneller zu, da diese Bahn am Anfang steiler verläuft. Genauer gesagt ist es so, dass sich die Kugel auf der gekrümmten Bahn – außer bei Start und Ziel – immer tiefer befindet als die Kugel auf der geraden Bahn. Daher hat die Kugel auf der gekrümmten Bahn immer mehr Bewegungsenergie, ist also zu jedem Zeitpunkt schneller.

Dass die größere Geschwindigkeit aber dazu führt, dass der Wegvorsprung der Kugel auf der geraden Bahn mehr als wettgemacht wird, ist nicht ganz einfach zu berechnen (siehe unten).

Zur Geschichte

Welche Form hat jene Bahn, die die schnellste unter allen möglichen Verbindungen zwischen Anfangs- und Endpunkt ist?

Diese Frage hat eine lange Tradition. Vermutlich hat sich Galileo Galilei (1564–1642) als Erster mit diesem Problem beschäftigt. Sein Lösungsvorschlag war ein Kreisbogen; das stellte sich aber als falsch heraus.

Der große Schweizer Mathematiker Johann Bernoulli (1667–1748) griff das Problem wieder auf und bezeichnete es im Jahr 1696 als Herausforderung «für die klügsten Mathematiker der Welt». Er selbst hatte zu diesem Zeitpunkt bereits eine Lösung gefunden. In seiner Aufgabenstellung des sogenannten Brachystochronenproblems (griech. «brachys» = schnell, chronos = Zeit) heißt es: «Wenn in einer vertikalen Ebene zwei Punkte A und B gegeben sind, dann ist gefragt nach der Bahn AMB eines beweglichen Punktes M, auf der er, startend bei A und nur unter dem Einfluss seines eigenen Gewichts, bei B in der kürzestmöglichen Zeit ankommt.»

Es gingen sechs Lösungsvorschläge ein: neben dem von Johann Bernoulli selbst auch einer seines Bruders Jakob, aber vor allem die von Gottfried Wilhelm Leibniz (1646–1716) und von Isaac Newton (1643–1727), die nicht nur die größten Mathematiker ihrer Zeit waren, sondern sicher zu den bedeutendsten Mathematikern aller Zeiten gehören. Ein Biograph von Newton schreibt: Newton «... *did not come home till four (in the afternoon) from the Tower very much tired, but did not sleep till he had solved it* [das Brachystochronenproblem]*, which was by four in the morning.*»

Alle diese berühmten Mathematiker fanden die richtige Lösung, nämlich die «Zykloide».

Die Zykloide

Täglich sehen wir Tausende von rollenden Rädern. Trotzdem fällt uns die Vorstellung, wie sich ein Punkt auf dem Umfang eines rollenden Rads bewegt, unglaublich schwer.

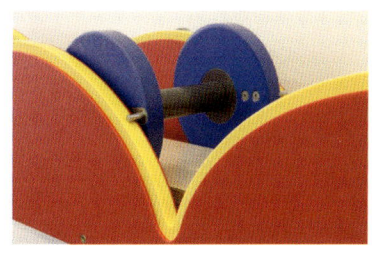

Das Experiment zeigt uns die Lösung: Ein Metallstift, der einen Punkt auf dem Umfang des Rads markiert, bewegt sich entlang einer Kurve.

Die Kurve, an der der Stift präzise entlangstreicht, hat in regelmäßigen Abständen unten eine Spitze und wölbt sich zwischendurch nach oben. Diese Kurve heißt Zykloide. Genauer gesagt ist eine Zykloide die Bahnkurve eines Kreispunktes beim Abrollen des Kreises auf einer Geraden. Diese Kurve spielt in der Geschichte der Mathematik des 17. und 18. Jahrhunderts eine herausragende Rolle. Die Zykloide hat die Parameterdarstellung $x(t) = r \cdot (t - \sin(t))$, $y(t) = r \cdot (1 - \cos(t))$.

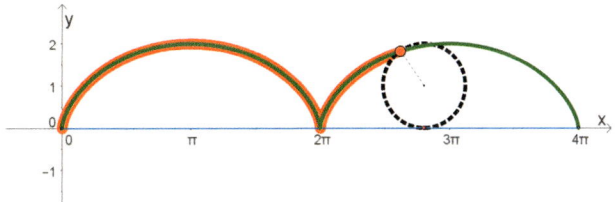

Zum Weiterdenken

Aus einer Zykloide erhält man auf folgende Weise die Brachystochrone von A nach B. Zunächst konstruiert man über der horizontalen Linie durch A eine beliebige Zykloide, die in A beginnt. Der erzeugende Kreis möge den Radius r' haben. Nun spiegelt man die Zykloide an der horizontalen Geraden durch A und bestimmt den Schnittpunkt S mit der Geraden AB.

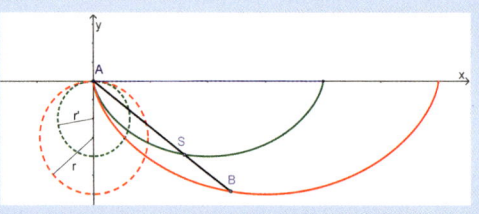

Der Abschnitt der Zykloide zwischen A und S ist die schnellste Verbindung zwischen A und S. Um die schnellste Verbindung zwischen A und dem gesuchten Zielpunkt B zu erhalten, vergrößert man die Konstruktion so, dass S gleich B wird. Genauer gesagt führt man die Konstruktion mit einer Zykloide durch, deren erzeugender Kreis den Radius $r := r' \cdot |AB| / |AS|$ hat. Dann ist $S = B$.

Je nachdem wie A und B zueinander liegen, kann die Brachystochrone von oben, von unten oder horizontal im Zielpunkt ankommen. Am meisten verblüfft, dass die Brachystochrone selbst dann die schnellste Verbindung von A nach B ist, wenn sie den Endpunkt von unten erreicht. Dies ist immer dann der Fall, wenn die Steigung zwischen Start- und Zielpunkt kleiner als etwa 63,7 Prozent (genauer gesagt: kleiner als $2/\pi$) ist.

Tautochrone

Die Zykloide hat noch eine weitere verblüffende Eigenschaft. Sie ist auch tautochron (griech. «tautos» = gleich). Das bedeutet: Unabhängig davon, an welcher Stelle man eine Kugel auf einer Brachystochrone loslässt, benötigt sie immer die gleiche Zeit bis zum Ziel.

Das kann man mit folgendem Experiment eindrücklich verifizieren. Auf jede der beiden roten, identisch gekrümmten Brachystochronenbahnen legt man je eine Kugel (und hält sie fest), und zwar an beliebigen Stellen. Lässt man die Kugeln gleichzeitig los, rollen sie bis zum Ziel. Aber man hört jeweils nur einen Anschlag, ein Zeichen dafür, dass die Kugeln exakt gleichzeitig ankommen.

78
Gleichdicks

Wenn ein kreisförmiges Rad rollt, ist der oberste Punkt immer gleich hoch; der Abstand zwischen höchstem und tiefstem Punkt ist genau der Durchmesser des Kreises. Aufgrund dieser alltäglichen Beobachtung könnte man auf die Vermutung kommen, dass der Kreis die einzige Figur mit dieser Eigenschaft ist. Diese Vermutung ist aber falsch!

Das folgende Experiment zeigt, dass es viele Figuren gibt, die «überall den gleichen Durchmesser» haben. Wenn man die Platte auf den «dreieckigen» Rädern mit der Hand nach rechts und links führt, so dass sich die Räder drehen, spürt man an der Platte kein Auf und Ab und kein Ruckeln. Sie fährt völlig gleichmäßig nach rechts und links.

Eigentlich hätte man erwartet, dass es nach oben und unten geht und dass es ruckelt, wenn man über eine Ecke kommt. Aber so ist es nicht.

Die Form dieser Räder wird in der Mathematik eine «Kurve mit konstantem Durchmesser» oder, etwas direkter, ein «Gleichdick» genannt. Beide Beschreibungen bedeuten das Gleiche: Spannt man eine solche Figur zwischen zwei parallele Linien ein, dann haben diese Parallelen immer den gleichen Abstand, egal wie man die Figur dreht. Genau das zeigt das Experiment. Die beiden Parallelen sind hier die Fahrbahn und das Brett, und die Erfahrung des Experiments lehrt, dass bei jeder Stellung der Räder das Brett immer die gleiche Höhe, also den gleichen Abstand zur Fahrbahn, hat.

Das neben dem Kreis einfachste und gleichzeitig spektakulärste Gleichdick ist das sogenannte Reuleaux-Dreieck, das nach dem deutschen Inge-

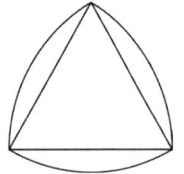

nieur Franz Reuleaux (1829–1905) benannt ist. Um ein Reuleaux-Dreieck zu konstruieren, geht man von einem gleichseitigen Dreieck aus. Man zeichnet zwischen je zwei Ecken des Dreiecks einen Kreisbogen, der die dritte Ecke als Mittelpunkt hat. Die drei Kreisbögen bilden insgesamt das Reuleaux-Dreieck. Dieses ist ein Gleichdick, dessen Durchmesser genau die Länge einer Seite des gleichseitigen Dreiecks ist. Spannt man ein Reuleaux-Dreieck zwischen zwei parallelen Geraden ein, liegt an einer Geraden stets eine Ecke des Dreiecks; die andere wird von dem gegenüberliegenden Kreisbogen berührt.

Reuleaux machte seine Erfindung, als er über Knöpfe und Knopflöcher nachdachte. Ein Knopf muss in jeder Lage gleich gut durch das Knopfloch passen. Irgendwann war Reuleaux überzeugt: «Es ist ein Fehler zu glauben, dass Knöpfe, um diese Bedingung zu erfüllen, zwangsläufig rund sein müssen.»

Ganz allgemein kann man aus jedem regulären Vieleck mit einer ungeraden Anzahl von Ecken ein Gleichdick, ein sogenanntes Reuleaux-Polygon machen. Jede Ecke ist Mittelpunkt eines Kreisbogens, der die beiden gegenüberliegenden Ecken miteinander verbindet. Die konstante Dicke ist genau der Radius dieser Kreisbogen.

Gleichdicks findet man an verschiedenen Stellen des täglichen Lebens. So haben zum Beispiel manche englischen Münzen die Form eines Gleichdicks; die 20-Pence-Münze etwa ist auf Basis eines 7-Ecks konstruiert.

Auch der Kolben eines Wankelmotors hat die Form eines Reuleaux-Dreiecks. Obwohl bei neueren Modellen das Reuleaux-Dreieck in abgeflachter Form verwendet wird, spricht einiges dafür, dass die Originalversion eines Wankelmotors mit Hilfe eines echten Reuleaux-Dreiecks konstruiert wurde.

Aus mathematischer Sicht sind Gleichdicks hochinteressante Objekte. So kann man zum Beispiel nachweisen, dass alle Gleichdicks den gleichen Umfang haben, nämlich $U = \pi\, d$, wobei d die Dicke des Gleichdicks ist. Dies wurde von dem französischen Astronomen und Mathematiker Joseph-Émile Barbier (1839–1889) bewiesen.

79
Die Kettenlinie

Eine um den Hals gelegte Schmuckkette ergibt
einen in sich stimmigen, schwungvollen, aber
formstabilen Bogen. Stellt man sich eine solche «Kettenlinie» nach oben ausgebildet, also
gespiegelt, vor, erhält man einen besonders
stabilen Bogen.

Die Stabilität des Kettenlinienbogens kann
man experimentell erfahren. Dazu ist zunächst sorgfältiges Arbeiten angesagt. Als
Erstes muss man die blauen Klötze in der
richtigen Anordnung auf die waagerechte
Platte legen. Dann klappt man die Platte sorgfältig hoch – und der Bogen steht stabil, selbst wenn man die Platte wieder nach unten fallen
lässt. Die Gestalt des Bogens und die Form der Steine sind
so aufeinander abgestimmt, dass das Ganze in sich ruht
und keine Gefahr besteht, dass der Bogen zusammenfällt.

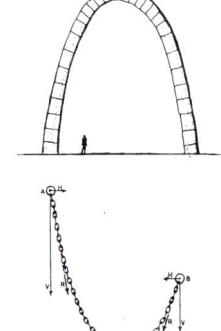

Bereits in der Antike war bekannt: Der stabilste Bogen ergibt
sich, wenn er die gleiche Form hat wie eine frei hängende
Kette, nur nach oben geklappt (Zeichnung Jos Tomlow, 1989).

Es gibt zahlreiche Beispiele für Kettenlinien: Halsketten, Ab-
sperrketten, Wäscheleinen, Hüpfseile, Stromleitungen, Brücken ... Immer wenn eine Kette oder ein Seil oder eine Schnur

an zwei Punkten aufgehängt ist und nichts weiter daran gehängt wird, stellt sich ganz von selbst eine Kettenlinie ein.

Die Kettenlinie ist keine Parabel, wie man vielleicht zunächst vermuten könnte (und wie Galileo Galilei geglaubt hat). Zwar ist der Unterschied zur Parabel in der Nähe des Scheitelpunkts nicht besonders deutlich, aber je weiter man nach oben schaut, desto stärker erkennt man den dynamischen Schwung der Kettenlinie: sie wächst viel schneller als eine Parabel, nämlich «exponentiell».

Der Erste, der die Kettenlinie mathematisch richtig beschrieben hat, war der Schweizer Mathematiker Johann Bernoulli im Jahr 1690. Er ging von der Einsicht aus, dass sich die stabile Lage der Kette dadurch einstellt, dass die Gesamtkraft in jedem Punkt der Kette in Richtung der Kette (genauer gesagt, in Richtung der Tangente in diesem Punkt) wirkt. Denn dann ziehen oder drücken keine Kräfte nach außen oder innen.

Zum Weiterdenken

Wie findet man die Funktion $y = f(x)$, deren Graph eine Kettenlinie ist? Dazu betrachtet man die Kräfte, die auf die einzelnen Punkte der Kette wirken. Daraus erhält man eine Eigenschaft der noch unbekannten Funktion y, nämlich $y'' = \sqrt{1 + y'^2}$. Die Funktion $y = f(x)$ muss also, zusammen mit ihrer Ableitung y' und ihrer zweifachen Ableitung y'', diese «Differenzialgleichung» erfüllen. Diese Gleichung kann man lösen (das heißt die Funktion y bestimmen) und erhält folgende explizite Formel für die Kettenlinie:

$$y = \frac{e^x + e^{-x}}{2}$$

Dabei ist $e = 2{,}71828\ldots$ die Eulersche Zahl. Die Kettenlinie ist somit die Summe der ansteigenden Exponentialfunktionen $f_1(x) = 1/2 \cdot e^x$ und der abklingenden Exponentialfunktion $f_2(x) = 1/2 \cdot e^{-x}$. (Man spricht auch vom arithmetischen Mittel der Funktionen e^x und e^{-x}.) Die Funktion der Kettenlinie wird auch als «Cosinus Hyperbolicus» bezeichnet.

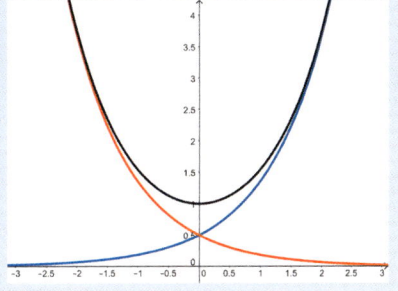

Es ist bemerkenswert, dass es im Grunde nur eine einzige Kettenlinie gibt. Das ist so wie bei Quadraten. Es gibt im Wesentlichen nur ein Quadrat, denn alle Quadrate sind sich – auch mathematisch gesehen – ähnlich. Demgegenüber gibt es Rechtecke ganz unterschiedlicher Gestalt.

Ketten können verschieden lang und unterschiedlich aufgehängt sein, was man zum Beispiel am Unterschied der Gestalten einer Stromleitung und einer Halskette erkennen kann. Das heißt, es gibt flache und enge Ausschnitte aus Kettenlinien, jedoch sind alle diese Kettenlinien nur verkleinerte oder vergrößerte Ausschnitte derselben Kurve. Das bedeutet, dass man sie durch Verkleinerung oder Vergrößerung ineinander überführen kann. Durch geeignetes «Zoomen» eines Ausschnitts erhält man also aus der Form einer Halskette die Form einer Wäscheleine oder auch einer Stromleitung.

Der optimale Bogen

Klappt man eine Kettenlinie nach oben um, so erhält man, wie erwähnt, die Form des stabilsten Bogens. Beispiele für solche Bögen und Gewölbe finden sich in Kunst und Architektur. Eine eindrucksvolle Realisierung steht als symbolisches Tor zum Westen am Ufer des Mississippi in St. Louis. Dieser 1965 fertiggestellte «Gateway Arch» erinnert daran, dass von dort aus die Besiedelung des Westens der USA ihren Anfang nahm.

Wie bei der Kette wirken auch bei einem solchen Bogen die Gesamtkräfte stets tangential zur Kurve. Da sämtliche Druckkräfte entlang der Kurve wirken, werden sie schließlich in das Fundament des Bogens abgeleitet, wodurch die herausragende Stabilität zustande kommt.

Wenn der Bogen wie beim Experiment im Mathematikum aus einzelnen Bausteinen zusammengesetzt ist, müssen die Bausteine so beschaffen sein, dass ihre Schnittflächen senkrecht (das heißt im Winkel von 90 Grad) zur Kurve stehen. Dadurch wirken die Kräfte immer senkrecht auf die Begrenzungsflächen und die Teile verrutschen nicht. Der Bogen würde sogar halten, wenn die einzelnen Teile keine Reibung hätten.

Der italienische Mathematiker Giovanni Poleni (1685–1761) hat diese Erkenntnis durch ein kühnes Gedankenexperiment in seinem Werk «Memorie istoriche della gran cupola del Tempio Vaticano» von 1748 veranschaulicht. Er stellte sich einen Kettenlinienbogen vor, der aus Kugeln aufgebaut ist. Der Bogen würde allein durch die Druckkräfte in Richtung der Kettenlinie im (labilen) Gleichgewicht gehalten werden. Das kann man auch mit einer Kette aus Holzperlen nachvollziehen. Wenn man die Kette anfasst, hängen lässt und die Perlen so eng zusammendrückt, dass diese eng gespannt sind, kann man die Kette auch nach oben drehen und erhält einen wunderbaren Kettenbogen.

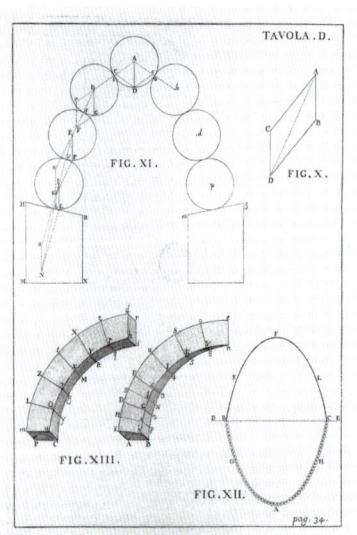

Die Idee von Poleni wird heute im Deichbau aufgegriffen. Mit Sand gefüllte runde Schläuche werden in Form einer Kettenlinie aufeinandergestapelt und bilden den stabilen Kern des Deichs.

80
Quadratische Räder

Die Erfindung des Rads vor etwa 6000 Jahren gehört zu den großartigsten und nachhaltigsten Leistungen der Menschheit. Davor war man beim Transport von Lasten auf mühsames Schieben, Ziehen oder Kippen angewiesen. Mit runden Rädern war dies nun einfach. So wurden Mobilität, Begegnung und Austausch möglich.

Unter diesem Aspekt scheint die Frage «Können auch eckige Räder rollen?» weltfremd und seit Tausenden von Jahren erledigt zu sein. Die Frage hat aber überraschenderweise eine positive Antwort. Diese lautet: Ja, eckige Räder können ruckelfrei rollen – wenn nur die «Straße» entsprechend geformt ist.

Die Bahn muss die richtigen Rundungen im richtigen Abstand haben. Wenn die Räder eckig sind, muss die Straße eben rund sein. Das klingt einleuchtend. Aber welche Form muss die Straße genau haben, wenn darauf quadratische Räder abrollen sollen?

Wir untersuchen die Bewegung des Quadrats genauer. Die grundlegende Idee ist, dass «ruckelfreies Rollen» bedeutet, dass der Mittelpunkt des Quadrats (die Achse) während der gesamten Bewegung auf der gleichen Höhe bleibt und nicht nach oben und unten ausschlägt.

Damit können wir die Gestalt der Straße jedenfalls qualitativ bestimmen: Wenn das Rad so steht, dass die Achse direkt über einer Ecke des Quadrats liegt, dann befindet sich die Ecke des Quadrats an der tiefsten Stelle der Bahn. Rollt das Quadrat weiter, bleibt der Berührpunkt immer genau unter der Achse. Damit diese immer auf der gleichen Höhe bleibt, muss der geringer werdende Abstand zwischen dem Berührpunkt und der Achse durch die Erhöhung der Bahn ausgeglichen werden (siehe Abbildung). Dadurch ergibt sich eine bogenförmige Bahn. Die Höhe eines Bogens ist gerade die Differenz aus der halben Diagonale und der halben Seitenlänge des Quadrats. Außerdem entspricht die Länge eines Bogens der Seitenlänge des Quadrats. Eine der Quadratseiten ist zudem immer eine Tangente an die Bahnkurve.

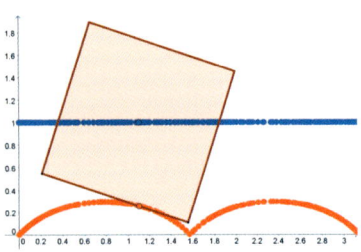

Die genaue Form der Bahn ist kein Halbkreis, wie man zunächst vermuten könnte, sondern es handelt sich um eine «Kettenlinie» (siehe Abschnitt 79, «Die Kettenlinie»). Darunter versteht man eine Kurve, die sich ergibt, wenn eine Kette an zwei Punkten aufgehängt wird. Die Straße der quadratischen Räder ist ein Ausschnitt aus einer solchen Kettenlinie, nur nach oben geklappt. Bei einem Quadrat der Seitenlänge 2 hat ein Bogen der Straße die Gleichung:

$$y = \sqrt{2} - 1 - \frac{e^x + e^{-x}}{2}$$

Dabei ist $(e^x + e^{-x})/2$ die Gleichung der Kettenlinie, das Minuszeichen vor dem Bruch bezeichnet die Spiegelung an der x-Achse und der Summand $\sqrt{2} - 1$ sagt, dass die Kurve um dieses Stück nach oben verschoben wurde.

Wenn man sich mit einer Fahrt begnügt, die nur nahezu ruckelfrei ist, kann man die Bahn leicht bauen: Ein paar Toilettenpapierrollen, die mit Büroklammern hintereinander befestigt sind, bilden die Straße. Aus Pappe können zwei Quadrate ausgeschnitten werden, die in der Mitte durch einen Zahnstocher als Achse verbunden werden. Die Seitenlänge des Quadrats muss dabei 1,2-mal der Kreisdurchmesser der Rollen sein.

Räder müssen also nicht rund sein. Und eckige Räder müssen nicht quadratisch sein. Auch Fünf- oder Sechsecke können über passende Kettenlinienabschnitte gleichmäßig rollen. Je größer die Anzahl der Ecken ist, desto kürzer und flacher werden diese Abschnitte. Bei «unendlich vielen Ecken», also einem Kreis, ergibt sich ein vertrautes Bild: die gerade horizontale Straße.

Interessanterweise funktionieren dreieckige Räder nicht, da sich ihre Ecken in den Verbindungpunkten der Kettenlinien verhaken. Wenn ein – nicht notwendigerweise reguläres – Vieleck an jeder Ecke einen Winkel hat, der mindestens 90 Grad beträgt, dann kann man eine Straße konstruieren, auf der das entsprechende Rad ruckelfrei fährt.

Umgekehrt kann man sich auch Straßenformen vorgeben und die entsprechenden Räder konstruieren. Beispielsweise fährt auf einer Straße, die sägezahnförmig aus geraden Stücken zusammengesetzt ist, ein Rad, das aus Teilen einer «logarithmischen Spirale» besteht, völlig ruckelfrei.

Haben die Mathematiker also das Rad neu erfunden? Einen kleinen, aber entscheidenden Nachteil haben die eckigen Räder: Offensichtlich braucht jedes Rad eine spezielle Straße. Selbst bei quadratischen Rädern hängt die Straße von der Seitenlänge des Quadrats ab.

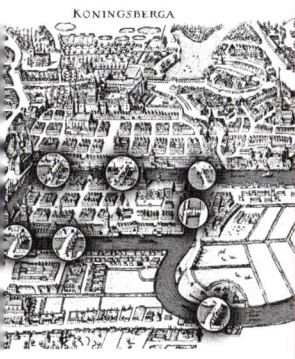

Kapitel 15
Der Weg ist das Ziel

Wege zu erschließen ist eine zentrale Aufgabe der Mathematik. Ein Aspekt davon ist
die Optimierung, das heißt die Aufgabe,
den kürzesten Weg zu finden. Ein anderer,
Wege nachzugehen und so zu ihrer Beschreibung zu kommen. Manchmal geht es
aber auch darum, überhaupt einen Weg zu
finden, etwa um ein Tal zu überbrücken.

81
Eulers Linien

Im Jahr 1736 löste der große Mathematiker Leonhard Euler das sogenannte Königsberger Brückenproblem. Durch die Stadt Königsberg (heute Kaliningrad) fließt der Pregel. Er umfließt zwei Inseln, die, wie in folgendem Plan zu sehen, durch insgesamt sieben Brücken mit den Ufern und untereinander verbunden sind. Die Aufgabe war, einen Spaziergang so zu organisieren, dass man über jede Brücke geht, aber jeweils nur einmal, und wieder zum Ausgangspunkt zurückkehrt.

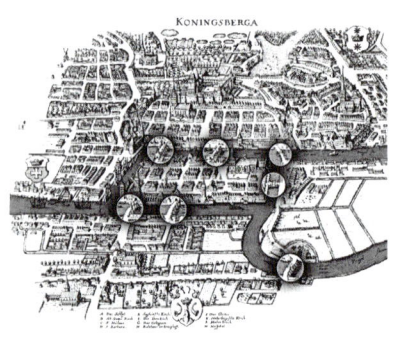

Euler gelang es, dieses Problem zu lösen – allerdings zeigte er, dass es keinen solchen Spaziergang geben kann. Um seine Überlegungen nachzuvollziehen, gehen wir in zwei Schritten vor. Zunächst überführen wir die Landkarte in einen «Graphen», indem wir jedes Landteil auf einen Punkt und jede Brücke auf eine Verbindungslinie reduzieren. Dann untersuchen wir das Problem in der Sprache der Graphen, indem wir die Ecken und Kanten betrachten.

Der Graph des Königsberger Brückenproblems besteht aus vier Punkten (auch «Ecken» genannt), die wie auf nebenstehendem Bild miteinander verbunden sind. Die Verbindungslinien nennt man in der Graphentheorie meist «Kanten»; der Graph des Königsberger Brückenproblems hat also sieben Kanten.

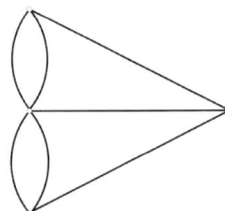

Das Problem eines Spaziergangs, der jede Brücke genau einmal benutzt, übersetzt sich dann in die Frage, ob man den Graphen in einem Zug zeichnen kann, ohne eine Linie zweimal zu benutzen. Viele Aufgaben aus der Unterhaltungsmathematik fragen danach, ob es möglich ist, eine Figur in einem Zug zu zeichnen. Berühmt ist das «Haus des Nikolaus».

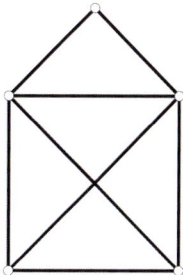

Bei diesen Aufgaben kann uns Euler helfen. Er hat erkannt, dass man nur die Ecken eines Graphen anschauen muss. Genauer gesagt muss man für jede Ecke bestimmen, wie viele Kanten von dieser Ecke ausgehen. Im Grunde ist es sogar noch einfacher: Man muss nämlich nur wissen, ob diese Zahlen gerade oder ungerade sind.

Der Test geht so: Wenn es auch nur eine ungerade Ecke gibt (das heißt eine Ecke, von der eine ungerade Zahl von Kanten ausgeht), dann kann man den Graphen nicht so in einem Zug zeichnen, dass man wieder am Ausgangspunkt ankommt. Umgekehrt: Wenn ein Graph nur gerade Ecken enthält (und wenn er «zusammenhängend» ist), dann kann er in einem Zug gezeichnet werden, und zwar so, dass die Linie am Startpunkt endet.

Beim Graph des Königsberger Brückenproblems sind alle Ecken ungerade (sie haben drei oder fünf Kanten); also ist kein Spaziergang möglich, bei dem man jede Brücke genau einmal überquert.

Aber auch mit wenigen ungeraden Ecken kann man noch Erfolg haben. Hat ein Graph lediglich *zwei* ungerade Ecken, dann kann man ihn auch in einem Zug zeichnen; dieser Zug muss dann bei der einen ungeraden Ecke beginnen und bei der anderen enden. Genau das ist beim Haus vom Nikolaus der Fall.

Der Satz von Euler («Ein zusammenhängender Graph kann genau dann durch eine geschlossene Linie gezeichnet werden, wenn alle Ecken gerade sind») ist ein Musterbeispiel für einen guten mathematischen Satz: Er führt ein außerordentlich komplexes Problem, nämlich das Ausprobieren aller möglichen Rundgänge, zurück auf ein ganz einfaches Problem, nämlich auf die Frage, ob alle Ecken gerade sind. Man kann also «auf einen Blick» sehen, ob ein Graph eine solche geschlossene Linie hat.

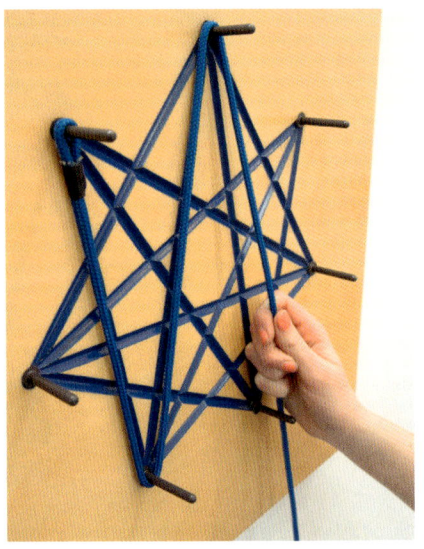

Beim Experiment «Eulers Linien» soll eine vorgegebene Figur mittels einer Schnur nachgelegt werden. Bei den Figuren, die nur gerade Ecken enthalten, kann man dazu an einer beliebigen Ecke beginnen. Bei der Figur auf der Abbildung gibt es zwei ungerade Ecken; die Schnur muss daher von der einen ungeraden Ecke zur anderen geführt werden.

Man erkennt auch, warum jede andere Ecke gerade sein muss. Denn bei jedem Durchgang verbraucht man zwei Kanten. Da jede Kante genau einmal erfasst wird, muss jede Ecke (außer der Anfangs- und der Endecke) eine gerade Anzahl von Kanten haben.

Der Schweizer Leonhard Euler (1707–1783) war einer der größten Mathematiker aller Zeiten. Er studierte an der Universität Basel, ging 1727 als Professor nach St. Petersburg. Ab 1741 war er Professor an der Berliner Akademie und kehrte 1766 wieder nach St. Petersburg zurück. Euler war einer der produktivsten Mathematiker; er hat alle Gebiete der damaligen Mathematik und Physik entscheidend vorangebracht. Auf ihn gehen einige wichtige Bezeichnungen zurück, so etwa π für die Kreiszahl oder f(x) als Schreibweise für eine Funktion. Mit dem Königsberger Brückenproblem hat er sogar ein neues Gebiet der Mathematik geschaffen: die Graphentheorie.

82
Die Deutschlandtour

Besser, schneller, optimal! Viele Probleme der Mathematik lassen sich so formulieren, dass man nach der bestmöglichen Lösung fragt. Ein wichtiger Teil der modernen Mathematik beschäftigt sich schwerpunktmäßig mit Optimierung. Was es damit auf sich hat, kann man an dem Experiment «Die Deutschlandtour» erfahren.

Man erkennt sofort, dass es sich um eine Karte von Deutschland handelt, auf der die Hauptstädte der Bundesländer durch Stifte gekennzeichnet sind. Mithilfe einer Schnur, die mit einem Ende bei Gießen befestigt ist, soll man alle markierten Städte erreichen. Die Herausforderung besteht darin, mit der vorhandenen Schnurlänge auszukommen. Mit anderen Worten, man soll Gießen und die 16 Landeshauptstädte so miteinander verbinden, dass die Gesamtstrecke möglichst kurz ist.

Das hört sich einfacher an, als es ist. Beim ersten Versuch wird man jeweils zu der Stadt gehen, deren Entfernung zum Ausgangspunkt die kürzeste ist. Allerdings führt die naive Vorschrift «Gehe immer zur nächsten Stadt» meist nicht zur optimalen Lösung. Ein guter Tipp ist, Hin- und Herwege zu vermeiden, also keine Touren zu machen, bei denen sehr spitze Winkel auftreten.

Das Travelling Salesman Problem

Die erste Formulierung des sogenannten *Travelling Salesman Problem* (Problem des Handlungsreisenden) stammt vom österreichischen Mathematiker Karl Menger (1902–1985) aus dem Jahre 1930: *Wir bezeichnen als Botenproblem (weil diese Frage in der Praxis von jedem Postboten, übrigens auch von vielen Reisenden zu lösen ist) die Aufgabe, für endlich viele Punkte, deren paarweise Abstände bekannt sind, den kürzesten die Punkte verbindenden Weg zu finden.*

Allgemein lässt sich das Travelling Salesman Problem so formulieren: Gegeben sei eine gewisse Anzahl von Punkten, von denen man die gegenseitigen Abstände, also die Abstände von je zwei Punkten, kennt. Gesucht ist eine Rundreise, bei der die Gesamtlänge möglichst kurz ist.

Dieses Problem tritt nicht nur bei Rundreisen auf Straßen auf, sondern in sehr vielen anderen Zusammenhängen. Man kann die Gesamtkosten minimieren. Oder man will gewisse Punkte durch eine Stromleitung verbinden, so dass die Gesamtleitungslänge so klein wie möglich ist.

Das Problem besteht nicht darin herauszubekommen, ob es eine optimale Lösung gibt, sondern eine solche tatsächlich zu finden. Dies ist theoretisch außerordentlich schwierig, denn schon bei 16 Städten beträgt die Zahl möglicher Rundreisen 650 Milliarden. Bräuchte man für den Test einer Rundreise auch nur eine Millisekunde, müsste man 20 Jahre lang rechnen. In praktischen Anwendungen hat man es oft aber mit vielen Tausend Punkten zu tun.

Deshalb ist das Travelling Salesman Problem nach wie vor eine Herausforderung für Mathematiker. Es ist das am intensivsten untersuchte kombinatorische Optimierungsproblem. Die wissenschaftlichen Untersuchungen der letzten Jahrzehnte haben jedoch etwas Erstaunliches zutage gebracht: Es ist vergleichsweise einfach, Lösungen des Rundreiseproblems zu finden, die *fast* optimal sind. Wenn man sich also damit begnügt, nur 95 Prozent des theoretischen Optimums zu erreichen, dann lässt sich mit relativ geringem Aufwand eine Rundtour berechnen.

Die Optimierungsprobleme sind dennoch so komplex, dass man die Lösung nicht einfach mittels einer Formel «ausrechnen» kann. Vielmehr geht es darum, durch ein Verfahren (einen «Algorithmus») einer guten Lösung schrittweise näher zu kommen. Daran arbeiten weltweit viele Mathematikerinnen und Mathematiker, weil sie wissen: Schon eine kleine Verbesserung der Verfahren hat enorme praktische Auswirkungen.

83
Die Leonardo-Brücke

Leonardo da Vinci (1452–1519) war nicht nur einer der größten Künstler aller Zeiten, der zum Beispiel die Mona Lisa gemalt hat, sondern auch einer der genialsten Erfinder. Schon vor 500 Jahren hat er den Fallschirm und den Hubschrauber erfunden – Dinge weit jenseits des damals Vorstellbaren. Aber er hat auch viele Dinge erfunden, die einen unmittelbaren praktischen Nutzen hatten. Besonders stolz war er auf seine zahlreichen Brückenkonstruktionen.

Die Leonardo-Brücke vereint viele Charakteristika eines guten Mathematikexperiments. Das Material ist einfach (nur einige Leisten), die Aufgabe ist klar (man soll eine Brücke bauen), das Problem ist schwieriger als gedacht, das Experiment legt Gruppenarbeit nahe und der Erfolg am Ende ist deutlich sichtbar.

«Ich habe eine Anleitung zur Konstruktion sehr leichter und leicht transportabler Brücken», schrieb Leonardo da Vinci 1483 an seinen späteren Dienstherrn Ludovico Sforza (1452–1502). Leonardo stellte sich eine Anwendung vor allem bei kriegerischen Auseinandersetzungen vor.

Die Leonardo-Brücke ist eine geniale Erfindung. Sie ist eine selbsttragende Konstruktion, das heißt ein Gebilde, das in sich stabil ist. Sie hält ohne Nägel oder Schrauben, ohne Seil oder Schnur, ohne Klebstoff oder Leim. Eine Erfindung, die wirklich eines Leonardo da Vinci würdig ist.

Die selbsttragende Struktur entsteht dadurch, dass die Leisten insgesamt eine Art Geflecht bilden.

Wir beginnen mit der kleinsten Brücke, für die man nur acht Leisten benötigt. Diese kann man an einem Ende anheben und nach dem gleichen Prinzip weiterbauen. Für jeden Schritt benötigt man fünf weitere Leisten. So erhält man – bei sorgfältigem Arbeiten – eine schöne große Brücke.

Die Brücke ist sehr stabil gegen Belastung von oben, reagiert allerdings empfindlich auf seitliche Bewegungen. Will man eine große begehbare Leonardo-Brücke bauen, ist es wichtig, die Balken durch Nägel oder Ähnliches vor seitlichen Verschiebungen zu schützen.

84
Ich bin eine Funktion

Funktionen sind ein vergleichsweise junges Gebiet der Mathematik. Zwar hat schon Leonhard Euler (1707–1783) die Bezeichnung f(x) für eine Funktion eingeführt und die Analysis des 19. Jahrhunderts zeichnet sich auch durch die gründliche Beschäftigung mit stetigen und differenzierbaren Funktionen aus. Aber erst im 20. Jahrhundert wurde der Begriff der «Funktion» (oft auch «Abbildung» genannt) als einer der zentralen Begriffe der Mathematik etabliert.

Das Experiment «Ich bin eine Funktion» ist außerordentlich attraktiv. Es macht Freude, wenn man es selbst macht, aber es wirkt schon beim Zusehen ansteckend. Man beobachtet einen Besucher, der das Experiment durchführt, und schon hat man es verstanden und möchte es selbst ausprobieren.

Wir sehen einen Besucher auf dem roten Teppich vor- und zurückgehen, wir sehen die Kurve auf dem Bildschirm und verstehen unmittelbar, dass es darum geht, sich die vorgegebene weiße Kurve auf dem Bildschirm zu eigen zu machen, genauer gesagt: sie «nachzugehen». Die Kurve, die der Besucher erzeugt, ist die gelbe Linie; diese zeigt in jedem Zeitpunkt an, wie groß der Abstand des Besuchers zu dem Kasten mit dem Bildschirm ist. Auf dem Bildschirm erkennt man genau, wie gut die «erlaufene» gelbe Kurve mit der vorgegebenen weißen übereinstimmt beziehungsweise wo sich diese beiden Kurven nicht nahe kommen.

Die Übertragung von Eigenschaften der Kurve in die Art der eigenen Bewegung ergibt sich fast automatisch: Der eigene Standort, der auf dem roten Teppich abgelesen werden kann, entspricht der Höhe der Kurve. Ein nach unten fallendes Kurvenstück bedeutet eine Vorwärtsbewegung (denn der Abstand zu dem Kasten soll ja kleiner werden), entsprechend wird ein nach oben strebender Kurvenabschnitt als Rückwärtsbewegung umgesetzt und so weiter.

Viele Begriffe, mit denen sich mathematische Eigenschaften von Funktionen beschreiben lassen, werden bei diesem Experiment intuitiv erfahren. Beim unbeschwerten Experimentieren überwiegt allerdings die Freude an der Bewegung: Die entsprechenden Begriffe werden zwar erlebt, aber nicht verbalisiert. Man kann aber auch Eigenschaften des abstrakten Begriffs der «Funktion», dessen Visualisierung als «Kurve» (Graph der Funktion) und das reale Erleben des Vor- und Zurückgehens sehr explizit miteinander in Verbindung setzen (siehe die Tabelle unten). Macht man sich diese Zusammenhänge bewusst, erlebt man das Experiment noch intensiver.

Eigenschaft der Kurve	Art und Weise der Bewegung	Eigenschaft der Funktion
waagerechte Linie	still stehen	konstante Funktion
zeigt nach oben	rückwärtsgehen	steigend
zeigt nach unten	vorwärtsgehen	fallend
zeigt steil nach oben	schnell rückwärtsgehen	große Steigung
zeigt steil nach unten	schnell vorwärtsgehen	starkes Gefälle
Hochpunkt	Wechsel von Rückwärts- zu Vorwärtsbewegung	Maximum
Tiefpunkt	Wechsel von Vorwärts- zu Rückwärtsbewegung	Minimum
Kurve ganz unten	man befindet sich ganz vorne bei der Marke 0	Nullstelle

85
Funktionen fühlen

Funktionen sind vielseitig anwendbar. Im Grunde beschreibt jede Funktion eine Beziehung zwischen zwei Mengen, und zwar in der Weise, dass jedem Element der einen Menge genau ein Element der zweiten Menge zugeordnet wird. Einfache Beispiele von Funktionen kann man sich gut vorstellen, etwa die Funktion, die jeder Zahl das Doppelte, oder jene, die jeder Zahl ihr Quadrat zuordnet. Dies sind aber tatsächlich ganz einfache Funktionen. Funktionen sind im Allgemeinen sehr wild; daher gibt es eine unübersehbare Fülle von Funktionen.

Jede Funktion, die reelle Zahlen auf reelle Zahlen abbildet, hat einen Funktionsgraph. An diesem Graphen lassen sich viele Eigenschaft einer Funktion dingfest machen.

- Manche Funktionen machen «Sprünge», das heißt, der Übergang zwischen einer Stelle und einer anderen, die nur minimal später folgt, ist nicht kontinuierlich, sondern abrupt. Mathematisch spricht man von einer «Unstetigkeitsstelle».
- Manche Funktionen ändern abrupt ihre Richtung. Zum Beispiel können sie bis zu einem gewissen Punkt ansteigen und ein minimales Stuck später fallen sie. In der Mathematik nennt man solche Punkte «nicht differenzierbar».

Diese und ähnliche Phänomene kann man bei dem Exponat «Funktionen fühlen» erfahren. Man gleitet mit seiner Hand einen Handlauf entlang und fühlt unterschiedliche Phänomene: Der erste Handlauf ist nicht durchgängig, der zweite hat Ecken, der dritte hat unterschiedlich enge Kurven und der vierte schwingt wunderbar gleichmäßig.

Dieses Erlebnis kann man mit den Begriffspaaren stetig/unstetig, differenzierbar/nicht differenzierbar in Verbindung bringen, man kann es aber auch einfach genießen und sich von der Vielfalt der Funktionen verzaubern lassen.

86
Weltbevölkerung

Die Weltbevölkerung wächst mit unvorstellbarer Dynamik. Mitte des letzten Jahrhunderts lebten noch keine 3 Milliarden Menschen auf der Erde, in den Achtzigerjahren dann wurde die 5-Milliarden-Marke geknackt und zur Jahrtausendwende waren es schon über 6 Milliarden. Wenn es so weitergeht, werden am Ende unseres Jahrhunderts 10 Milliarden Menschen die Erde bevölkern. Man spricht zu Recht von einer «Bevölkerungsexplosion».

Die Uhr tickt unbarmherzig. Jeden Tag kommt eine Viertelmillion Menschen hinzu. Das heißt, pro Stunde etwa 10 000, pro Minute fast zweihundert, in jeder Sekunde etwa drei Menschen. Wohlgemerkt: Das sind nicht die Geburten, sondern es handelt sich um den echten Zuwachs, also Geburten minus Todesfälle.

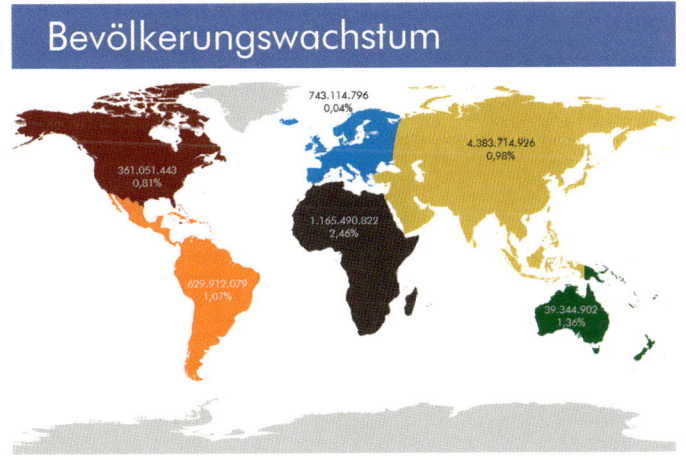

Bevölkerungswachstum

Diese Zahlen entfalten ihre Dramatik, wenn wir sie mit großen Katastrophen vergleichen. Bei den Anschlägen vom 11. September 2001 kamen 2977 Menschen ums Leben. Eine Katastrophe für jeden Einzelnen, für ihre Familien und die ganze Welt. Aber global gesehen wurde dieser Verlust in einer guten Viertelstunde aufgeholt. So dramatisch ist das Wachstum der Weltbevölkerung.

Natürlich ist das Wachstum auf den verschiedenen Kontinenten unterschiedlich. Während in Europa die Bevölkerungszahl mehr oder weniger stagniert, leben in Asien schon über 4,2 Milliarden Menschen, die sich jährlich um 1,2 Prozent vermehren. Das heißt, aus 1000 Asiaten werden in einem Jahr 1012, aus einer Milliarde werden eine Milliarde und 12 Millionen, und aus 4,2 Milliarden werden innerhalb eines Jahres 50 Millionen mehr. Auch in Afrika leben über eine Milliarde Menschen, die sich jährlich um gigantische 2,4 Prozent vermehren.

Wenn man sagt: «Täglich kommt eine Viertelmillion Menschen hinzu», dann ist das zwar richtig, trifft aber nicht den Kern der Sache. Die Weltbevölkerung vergrößert sich nämlich nicht jeden Tag oder jedes Jahr um eine konstante Zahl, sondern sie vergrößert sich um einen konstanten Faktor! Jedes Jahr um 1,2 Prozent. Das Entscheidende ist, dass im nächsten Jahr diese 1,2 Prozent auf Basis der bereits vergrößerten Weltbevölkerung berechnet werden. Im dritten Jahr steigt die Weltbevölkerung wieder um 1,2 Prozent – aber bezogen auf die abermals vergrößerte Grundmenge. So entsteht ein exponentielles Wachstum.

Wenn wir die Weltbevölkerung als Funktion in einem Diagramm auftragen und bei Christi Geburt beginnen würden, dann wäre das exponentielle Wachstum ganz deutlich zu erkennen: Die Kurve bliebe viele Jahrhunderte lang fast waagerecht, nahe bei der x-Achse; damals lebten konstant etwa 400 Millionen Menschen auf der Erde. Im 18. Jahrhundert würde die Kurve ansteigen, würde dann steil und immer steiler, bis sie in der Gegenwart fast senkrecht nach oben schießen würde.

Kapitel 16
Kegel trifft Ebene

Kreise bilden die elementarste, häufigste und wichtigste Form in Natur und Umwelt. Durch leichte Variationen eines Kreises, etwa indem wir ihn schräg ansehen oder ihn projizieren, kommen wir zu neuen Formen, den sogenannten Kegelschnitten, den engsten Verwandten des Kreises. Die Kegelschnitte waren von Anfang an ein Thema der Mathematik und haben immer wieder zu scharfsinnigen Untersuchungen Anlass gegeben.

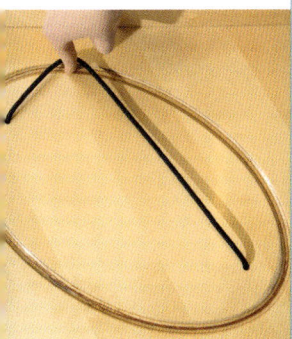

87
Kegel und Kegelschnitte

Wir stellen uns einen Kegel vor. Ein Kegel hat eine Spitze, die wir uns oben denken, und steht auf einer Kreisfläche. Um die Kegelschnitte richtig verstehen zu können, müssen wir uns vorstellen, dass der Kegel nicht an der Kreisfläche endet, sondern dass er sich nach unten unendlich weit fortsetzt.

Wenn man sich mathematisch präziser ausdrücken möchte, kann man einen Kegel folgendermaßen definieren: Im dreidimensionalen Raum betrachtet man einen Kreis K und einen Punkt S, der nicht in der Ebene des Kreises liegt. Der Kegel mit der Spitze S entsteht so, dass man S mit jedem Punkt P des Kreises K durch eine Gerade verbindet; der Kegel besteht nun aus allen Punkten dieser Geraden. Das heißt, ein Punkt A liegt genau dann auf dem Kegel, wenn es einen Punkt P des Kreises K gibt, so dass A auf der Geraden SP liegt. In diesem Fall spricht man oft auch von einem «Doppelkegel».

Kegelschnitte

Ein Kegelschnitt ist das, was sein Name sagt: Wir schneiden einen Kegel geradlinig durch beziehungsweise denken uns einen Kegel geradlinig durchgeschnitten. Die Schnittfläche, genauer die Schnittkurve, die sich dabei ergibt, nennt man einen «Kegelschnitt».

- Wenn man einen Kegel «gerade», das heißt waagerecht durchschneidet, erhält man einen Kreis.

- Wenn man die Schnittebene ein wenig neigt, ergibt sich eine Ellipse. Zunächst entstehen dicke Ellipsen. Wenn man die Ebene stärker neigt, wird die Ellipse immer mehr in die Länge gezogen.

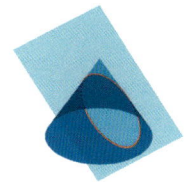

- Bei einer gewissen Neigung der Schnittebene erhalten wir eine Parabel. Diese entsteht genau dann, wenn die Schnittebene parallel zu einer «Mantellinie» ist. Eine Mantellinie ist dabei eine Gerade durch die Spitze des Kegels, die zur Gänze auf diesem verläuft.

- Wenn wir die Schnittebene noch weiter drehen, erhalten wir Hyperbeln. Eine Hyperbel ist bereits dadurch etwas Besonderes, dass sie aus zwei Teilen, ihren beiden «Ästen», besteht. Um das zu erkennen, muss man den Kegel tatsächlich als «Doppelkegel» auffassen. Wenn nun die Schnittebene so weit geneigt ist, dass sie sowohl den unteren als auch den oberen Kegel schneidet, entsteht eine Hyperbel. Die beiden Äste der Hyperbel sind die Schnitte mit dem oberen beziehungsweise dem unteren Kegel.

Bei unserem Experiment bleibt nicht der Kegel fest und die Schnittebene verändert sich, sondern es verhält sich genau umgekehrt. Die Schnittebene bleibt stets waagerecht, denn sie ist die Oberfläche der blauen Flüssigkeit. Dafür können wir den Kegel drehen, und es entstehen die gleichen Phänomene wie oben: Wenn der Kegel senkrecht steht, bildet die Oberfläche der Flüssigkeit einen Kreis. Dreht man den Kegel ein bisschen, so bildet sich eine Ellipse. Irgendwann trifft die Oberfläche der Flüssigkeit den Boden des Kegels. Das bedeutet aber nicht, dass die Kurve nun eine Parabel ist; sie ist nach wie vor eine Ellipse beziehungsweise ein Teil einer Ellipse. (Denn natürlich kann man physisch nur einen endlichen Kegel realisieren, bei dem dann viele Kegelschnitte durch die Grundfläche abgeschnitten sind.)

Erst wenn der Kegel so weit gedreht ist, dass eine seiner «Kanten» waagerecht liegt, bildet die Oberfläche eine Parabel. Und wenn man noch weiter dreht, kommt man zu Hyperbeln.

Eine spezielle Situation entsteht, wenn der Kegel selbst waagerecht steht. Dann liegt die Spitze des Kegels auf der Oberfläche der Flüssigkeit. In dieser Lage besteht der Kegelschnitt aus zwei Geraden, nämlich den entsprechenden Mantellinien. Man spricht hier von einem «ausgearteten» Kegelschnitt.

Kegelschnitte waren schon in der Antike bekannt. Euklid schrieb vier Bücher über Kegelschnitte, die alle verloren sind. Unser Wissen über die Kegelschnitte der Antike stammt von dem griechischen Mathematiker Apollonios von Perge (ca. 260 – ca. 190 v. Chr.). In seinem Buch «Konika» («Kegelschnitte») untersuchte er Kegelschnitte im Detail. Er führte die Namen Ellipse, Parabel und Hyperbel ein und wies nach, dass diese drei verschiedenen Kegelschnitte alle von demselben allgemeinen Kegel stammen.

88
Ellipsen

Ein Kreis ist der Ort aller Punkte, die von einem festen Punkt den gleichen Abstand haben. Diese Beschreibung eines Kreises ist uns aus alltäglichen Situationen vertraut: Ein Pferd läuft beim Voltigieren im Kreis, weil es an der Longe geht, die der Mensch hält, der im Zentrum des Kreises steht. Wenn man keinen Zirkel zur Hand hat, kann man einen Kreis auch auf folgende Weise zeichnen: Man befestigt eine Schnur an einer Stelle und einen Stift am anderen Ende der Schnur. Dann zieht man die Schnur straff und führt den Stift herum.

Ganz ähnlich lässt sich eine Ellipse konstruieren. Dazu braucht man allerdings zwei Punkte, die man «Brennpunkte» nennt. Ein Ende der Schnur befestigt man am ersten, das andere am zweiten Brennpunkt. Die Punkte, die man erreicht, wenn man die Schnur gespannt hält, bilden eine Ellipse. Man nennt dies auch die «Gärtnerkonstruktion» der Ellipse, da Gärtner angeblich diese Methode benutzen, um ellipsenförmige Beete anzulegen.

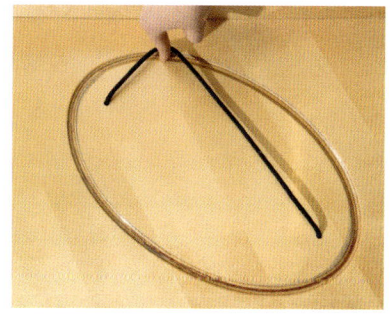

In mathematischer Ausdrucksweise kann man diese Konstruktion wie folgt beschreiben: Die Ellipse besteht aus all denjenigen Punkten, bei denen die Summe der Abstände zu den Brennpunkten konstant ist; diese Abstandssumme ist gleich der Länge der Schnur.

Es gibt zahlreiche andere Arten, sich eine Ellipse vorzustellen. Zum Beispiel entsteht eine Ellipse, wenn man mit einer Taschenlampe schräg auf eine

Fläche leuchtet: Der Lichtkegel wird durch eine Ebene geschnitten. Eine weitere Erscheinungsform einer Ellipse erkennt man, wenn man ein zylinderförmiges Trinkglas schräg hält. Dann bildet die Oberfläche der Flüssigkeit eine Ellipse.

Mathematisch kann man sich die Ellipse auch als plattgedrückten beziehungsweise auseinandergezogenen Kreis vorstellen. So kann man zum Beispiel von einem Kreis mit Radius 1 ausgehen, der die x-Achse als Durchmesser hat. Verkürzt man die Höhe jedes Punktes um die Hälfte oder um einen anderen konstanten Faktor, erhält man eine Ellipse. Bei einem Faktor 0,5 wird aus einem Punkt, der die Höhe 0,8 hat, ein Punkt der Höhe 0,4; ein Punkt, der um 0,6 Einheiten unter der x-Achse lag, liegt anschließend nur 0,3 Einheiten unter der x-Achse.

Der Ellipsenzeichner

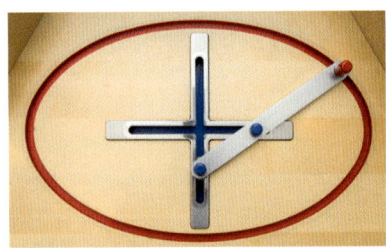

Eine berühmte Art, eine ellipsenförmige Kurve mechanisch zu erzeugen, ist der sogenannte Ellipsenzeichner von Archimedes («trammel of Archimedes»). Es gibt allerdings keine Quellen, die belegen, dass Archimedes (287–212 v. Chr.) tatsächlich diese Konstruktion kannte oder gar erfunden hat.

Auf einer Stange sind drei Punkte markiert. Die Punkte X und Y bewegen sich auf jeweils einer von zwei zueinander senkrechten Bahnen, die auf dem Bild blau zu sehen sind. (Diese Punkte sind sozusagen auf ihren Bahnen «gefesselt». Das englische Wort «trammel» bedeutet Fessel.) Dann beschreibt der rote Punkt auf der Stange eine Ellipse.

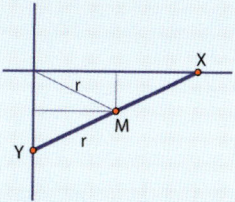
Zwei Ellipsen

Die Glattheit bzw. die fast perfekte Rundung einer Ellipse zeigt sich paradoxerweise daran, dass sie in jedem Punkt genau eine Tangente hat. Das bedeutet: Wenn man sich eine minimale Umgebung eines Punktes einer Ellipse mit einer Lupe anschaut, dann sieht dieser kleine Ausschnitt fast geradlinig aus.

Wenn sich zwei Ellipsen berühren, dann sind auch ihre beiden Tangenten in dem Berührpunkt gleich. Das bedeutet, dass sich die Ellipsen besonders schön aneinanderschmiegen. Das kann man an den beiden Ellipsen sehen, die aufeinander abrollen.

Bei diesem Experiment sind die Ellipsen «über Kreuz» verbunden. Genauer gesagt sind die jeweiligen Brennpunkte miteinander verbunden. Die Stäbe (von denen einer unter den Ellipsen verläuft) haben jeweils die Länge der Abstandssumme zu den Brennpunkten, und sie treffen sich genau auf dem Berührpunkt der beiden Ellipsen.

89
Eine Parabel durch Drehung

Wenn sich ein Objekt um eine Achse dreht, wirkt auf dieses Objekt eine Zentrifugalkraft. Diese führt dazu, dass es vom Zentrum wegstrebt. Das betreffende Objekt kann groß, aber auch winzig sein, etwa ein Flüssigkeitströpfchen. Steht ihm ein Hindernis, zum Beispiel die Begrenzung durch eine Wand, im Weg, weicht es dorthin aus, wo Platz ist.

Genau das sieht man in dem Experiment «Paraboloid durch Drehung». Wenn wir den Zylinder in Drehung versetzen, steigt eine blaue Flüssigkeit an der Außenwand empor und senkt sich im Innern.

Daneben steht ein ähnliches Experiment, an dem wir noch genauer sehen können, was passiert. Bei diesem ist die Flüssigkeit nicht im ganzen Zylinder verteilt, sondern befindet sich in einer schmalen Scheibe in der Mitte. Die Scheibe ist so dünn, dass man genau sieht, wie sich die Flüssigkeit in einer Fläche verhält. Wenn wir den Zylinder drehen, ergibt sich eine Form, die unmittelbar an eine Parabel denken lässt. Je schneller sich der Zylinder dreht, desto steiler wird die Parabel.

Dieses Phänomen hat eine interessante Anwendung: Wenn man den ersten Zylinder mit der blauen Flüssigkeit in Drehung versetzt, bildet sich ein sogenanntes Paraboloid. Diese Fläche kann man sich so denken, dass eine Parabel um ihre Symmetrieachse gedreht wird.

So wie eine Parabel einen Brennpunkt hat, so hat auch ein Paraboloid einen Brennpunkt. Das bedeutet Folgendes: Stellen wir uns vor, dass eine Flüssigkeit in einem Zylinder gleichmäßig gedreht wird. Dann bildet ihre Oberfläche ein Paraboloid. Alle Strahlen, die senkrecht von oben auf das Paraboloid treffen, werden so reflektiert, dass sie durch den Brennpunkt gehen.

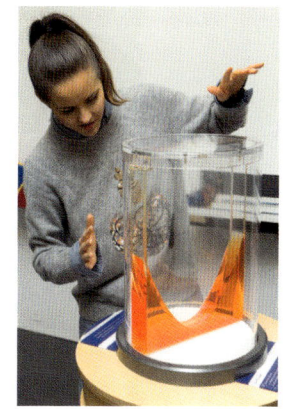

Das macht man sich bei der Konstruktion von Teleskopen zunutze. Alles, was in dem Paraboloid ankommt, wird automatisch so gespiegelt, dass man es über den Brennpunkt empfangen und weiterverarbeiten kann. Als Flüssigkeit wird dabei in der Regel Quecksilber verwendet. Natürlich kann man mit solchen Flüssigspiegel-Teleskopen nur das beobachten, was direkt über ihnen zu sehen ist (man spricht daher auch von Zenit-Teleskopen). Sie sind aber erheblich preisgünstiger als die Standardteleskope.

Die Idee, Flüssigkeitsteleskope zu verwenden, hatte als Erster der italienische Astronom Ernesto Capocci (1798–1864) im Jahr 1850. Das erste Modell stammt von Henry Skey (1836–1914) aus Neuseeland, der 1872 einen Flüssigspiegel von 35 cm Durchmesser präsentierte. Im Jahr 1909 stellte der amerikanische Physiker Robert W. Wood (1868–1955) das erste funktionsfähige Modell vor. Heute gilt das Large Zenith Telescope der University of British Columbia (Kanada) mit seinen 6 m Durchmesser als Vorzeigemodell.

Zum Weiterdenken

Die Idee, rotierende Flüssigkeiten zu benutzen, um Parabeln und Paraboloide zu erzeugen, geht auf Isaac Newton (1643–1727) zurück.

Um zu erkennen, dass es sich tatsächlich um eine Parabel handelt, brauchen wir ein bisschen Physik und ein bisschen Mathematik – nicht verwunderlich bei einer Idee von Newton. Wir stellen uns vor, dass sich der Zylinder mit einer gewissen Geschwindigkeit dreht. Das richtige Maß für die Geschwindigkeit ist die Anzahl der Umdrehungen pro Zeiteinheit; man spricht auch von der «Winkelgeschwindigkeit» und bezeichnet diese mit ω («omega»).

Wenn sich der Zylinder mit einer konstanten Geschwindigkeit dreht, bildet sich eine stabile Form aus. Um die Gestalt dieser Form herauszubekommen, überlegen wir uns, welche Kräfte auf ein Wassertröpfchen wirken.

1. Auf das Wassertröpfchen wirkt natürlich die Schwerkraft. Wenn das Tröpfchen die Masse m hat, ist die Schwerkraft, die darauf wirkt, gleich $F_G = m \cdot g$, wobei g der sogenannte Ortsfaktor ist (in Deutschland etwa 9,81 N/kg).

2. Auf das Wassertröpfchen wirkt aber auch die Zentrifugalkraft. Diese ist umso stärker, je weiter außen das Tröpfchen ist, und sie wird auch mit zunehmender Winkelgeschwindigkeit größer. Genauer gilt: $F_Z = m \cdot \omega^2 \cdot x$, wobei x der Abstand zur Drehachse ist.

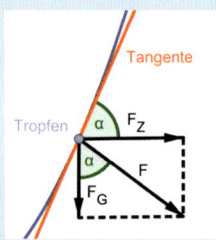

Die Gesamtkraft setzt sich nun aus diesen beiden Kräften zusammen. In dem entstehenden Kräfterechteck gilt:

$$\tan(\alpha) = F_Z / F_G = m \cdot \omega^2 \cdot x / (m \cdot g) = \frac{\omega^2}{g} \cdot x$$

3. Nun brauchen wir noch eine Beobachtung: Die Gesamtkraft wirkt in die Richtung, die senkrecht zur Tangente an die Flüssigkeitsoberfläche steht, also senkrecht zur Steigung in diesem Punkt. Denn nur dann tritt keine seitliche Bewegung auf, die das Tröpfchen an eine andere Stelle transportiert.

Daher ist α gleich dem Steigungswinkel der Tangente. Das bedeutet, dass die Funktion f in diesem Punkt die Steigung $\tan(\alpha)$ hat. In einer Gleichung ausgedrückt heißt dies: $f'(x) = \tan(\alpha)$.

Nun setzen wir beide Erkenntnisse zusammen und erhalten $f'(x) = \tan(\alpha) = (\omega^2/g) \cdot x$. Da sowohl ω als auch g konstant sind, ist die Ableitung von f eine lineare Funktion. Schließlich integrieren wir auf beiden Seiten und erhalten $f(x) = (\omega^2/2g) \cdot x^2 + C$. Also hat f(x) die Form $ax^2 + b$; das ist die Gleichung einer Parabel.

90
Der Parabelrechner

Jeder kennt die Parabel. Sie ist eine einfache Kurve, die einfachste nach dem Kreis. Was man in der Schule von der Parabel lernt, ist nicht dazu angetan, sie besonders interessant erscheinen zu lassen. Aber sie hat außerordentlich attraktive Seiten. Eine davon ist die Tatsache, dass man mit der Parabel rechnen kann. Im Grund ist sie eine kleine Rechenmaschine. Denn mit der Normalparabel, also mit der Parabel, die die Gleichung $y = x^2$ hat, kann man multiplizieren!

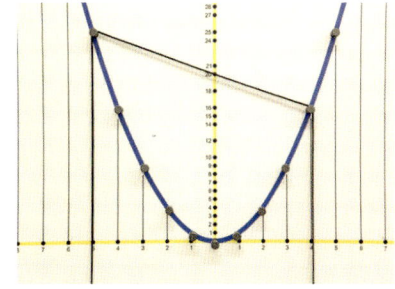

Um zum Beispiel 5 mal 4 zu berechnen, gehen wir auf der x-Achse um 5 Einheiten nach links und dann zum darüberliegenden Punkt der Parabel. Entsprechend gehen wir um 4 Einheiten nach rechts und zum darüberliegenden Parabelpunkt. Nun verbinden wir die beiden Parabelpunkte, zum Beispiel durch eine straff gespannte Schnur. Dort, wo diese Verbindung die y-Achse schneidet, steht das Ergebnis, in diesem Fall 20.

Mathematisch gesprochen passiert Folgendes: Um die Zahlen a und b zu multiplizieren, verbinden wir den Punkt mit den Koordinaten $(-a \mid (-a)^2)$ und den Punkt mit den Koordinaten $(b \mid b^2)$. Nun betrachten wir die Verbindungsgerade dieser beiden Punkte. Wir berechnen deren Gleichung und erhalten als y-Achsenabschnitt die Zahl $a \cdot b$. Also schneidet die Verbindungsgerade die y-Achse im Punkt $(0 \mid ab)$. (Unten finden Sie einen anderen Beweis für die Korrektheit des Parabelrechners.)

Die mathematische Formulierung hat einen Vorteil gegenüber dem Experiment mit der Schnur: Man kann so auch Aufgaben mit negativen Zahlen wie zum Beispiel –5 mal 4 lösen: Für «5 mal 4» müssen wir zuerst um 5 Einheiten nach links gehen. Um «–5 mal 4» zu lösen, müssen wir also um –5 Einheiten nach links gehen, und das heißt um +5 Einheiten nach rechts. Die beiden zu betrachtenden Punkte der Parabel liegen also beide rechts der y-Achse; daher schneidet deren Verbindungsgerade die y-Achse im negativen Bereich.

Wenn man mit dem Parabelrechner multiplizieren kann, dann kann man mit ihm auch *dividieren:* Um das Ergebnis der Aufgabe 21 : 3 zu bestimmen, suchen wir den Punkt 21 auf der y-Achse und verbinden diesen mit dem Punkt auf der Parabel, der durch «3 nach links» entsteht. Die Verbindungsgerade dieser beiden Punkte schneidet die Parabel in einem weiteren Punkt. Die x-Koordinate dieses Punktes ist das Ergebnis.

Man kann auch *quadrieren:* Um 5^2 zu bestimmen, gehen wir auf der x-Achse 5 nach links und 5 nach rechts und verbinden dann die entsprechenden Parabelpunkte durch eine Gerade. Diese schneidet die y-Achse in einem Punkt, der das Ergebnis liefert.

Die Umkehrung des Quadrierens ist das *Wurzelziehen.* Wenn wir die Wurzel aus 49 bestimmen möchten, ziehen wir durch den Punkt 49 der y-Achse eine waagerechte Gerade. Diese schneidet den positiven (rechten) Teil der Parabel in einem Punkt. Dessen x-Koordinate ist das Ergebnis.

Die Idee zu dem Parabelrechner hatte der russische Mathematiker Yuri Matiyasevich (geb. 1947). Dieser herausragende Mathematiker löste eines der prominentesten Probleme der Mathematik des 20. Jahrhunderts, nämlich das «zehnte Hilbertsche Problem».

Wie man die Korrektheit des Parabelrechners geometrisch nachweisen kann.
Wir verbinden die Punkte $(-a \mid (-a)^2)$ und $(b \mid b^2)$ durch eine Strecke und fällen von jedem dieser Punkte das Lot auf die y-Achse.

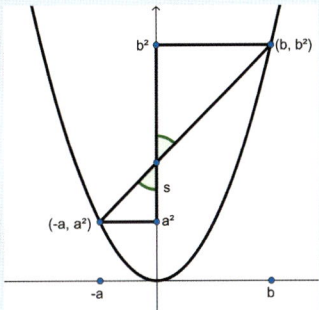

Dadurch entstehen zwei Dreiecke. Diese sind rechtwinklig und haben gleich große Winkel (Scheitelwinkel) am Schnittpunkt. Es handelt sich also um ähnliche Dreiecke. Daher verhalten sich die Längen der waagerechten wie die Längen der senkrechten Seiten.

Das Verhältnis der waagerechten Seiten ist b/a. Um das Verhältnis der senkrechten Seiten ausdrücken zu können, bezeichnen wir die Länge der senkrechten Seite des linken Dreiecks mit s. (Der Schnittpunkt hat also die Höhe $a^2 + s$. Wir müssen zeigen, dass $a^2 + s = ab$ ist.)

Die senkrechte Seite des rechten Dreiecks hat die Länge $b^2 - a^2 - s$, und das Verhältnis der beiden senkrechten Dreiecksseiten ist $(b^2 - a^2 - s)/s$. Zusammen ergibt sich

$(b^2 - a^2 - s)/s = b/a$.

Daraus folgt

$(b^2 - a^2)a = bs + as$, also $(b+a)(b-a)a = (b+a)s$.

Somit ist $(b-a)a = s$.

Der Schnittpunkt hat also die Höhe $a^2 + s = a^2 + (b-a)a = ba = ab$.

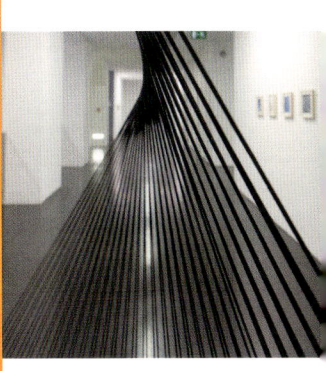

Kapitel 17
Lob der Oberfläche

Etwas, das wir mit unseren Augen und Händen besonders intensiv wahrnehmen, sind Oberflächen. Wir unterscheiden zwischen rau und glatt, zwischen eckig und rund, zwischen aggressiv und wohltuend. Auch aus mathematischer Sicht können wir Flächen unterscheiden: ebene und gekrümmte, eckige und runde, solche mit und solche ohne Rand.

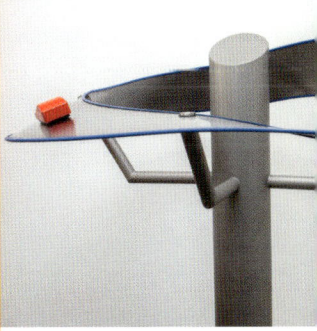

91
Wunderbare Seifenhäute

Seifenblasen sind wunderbar. Jeder liebt sie. Kinder können nicht genug davon bekommen und auch Erwachsene können sich ihrem Zauber kaum entziehen. Sie schimmern in verschiedenen Farben, sind mal winzig klein, mal riesengroß und manchmal vereinigen sie sich sogar zu größeren Gebilden. Nicht zuletzt sind Seifenblasen so vollkommen kugelförmig, wie wir das ansonsten nur selten zu sehen bekommen. Schon Pieter Bruegel der Ältere (1525/30–1569) stellt auf seinem Bild «Die Kinderspiele» (1560) ein Kind dar, das in sich versunken Seifenblasen bläst.

Spannend wird es, wenn man ein Gestell, zum Beispiel das Kantenmodell eines Würfels, eines Tetraeders oder eines Prismas, in Seifenlauge taucht und vorsichtig wieder herauszieht. Eine naive Vermutung wäre, dass sich beim Würfel eine Seifenhaut über die sechs Seitenflächen bildet. Das passiert auch – allerdings ganz selten. Denn normalerweise entsteht etwas viel Schöneres: Im Innern des Würfels bildet sich ein kleines Quadrat oder sogar ein kleiner

Würfel aus schillernden Seifenhäuten, dessen Kanten über weitere Seifenhäute mit den Kanten des Metallwürfels verbunden sind.

Beim Tetraeder passiert etwas noch Faszinierenderes: In der Mitte bildet sich ein Punkt, von dem aus sich zu jeder Kante des Tetraeders ein Dreieck spannt.

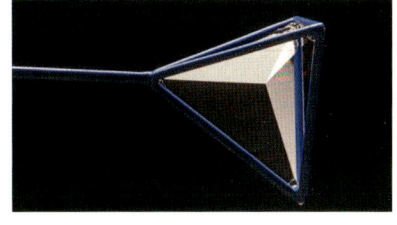

Es entstehen zarteste Gebilde, deren Schönheit einen unmittelbar in den Bann zieht, deren Struktur sich einem aber nicht sofort erschließt. Diese Wunder aus hauchdünnen Flächen sind erstaunlich stabil. Man kann ziemlich kräftig wackeln; das innere Gebilde wackelt mit, nimmt dann aber sofort wieder die ursprüngliche Gestalt an, sobald man aufhört, das Gestell zu bewegen.

Auf den zweiten Blick offenbaren die Seifenhäute überraschende Regelmäßigkeiten. Dazu betrachten wir zunächst das Prisma. Bei diesem bildet sich die Seifenhaut so, dass sich drei Flächen in der mittleren Kante treffen, und zwar unter drei gleich großen Winkeln, also Winkeln von jeweils 120 Grad. Dieses Phänomen ist bei jeder Seifenhaut zu finden – stets dann, wenn sich Flächen in einer Kante treffen. Es bilden immer drei Flächen eine Kante; diese Flächen können mehr oder weniger stark gebogen

sein, aber wenn man nur auf die Kante schaut, diese sozusagen durch ein Mikroskop betrachtet, dann sehen die drei Flächen in unmittelbarer Umgebung der Kante so aus wie beim Prisma: Zwischen ihnen bilden sich jeweils Winkel von 120 Grad.

Das andere strukturelle Geheimnis liegt in den Punkten, in denen sich Seifenhautflächen treffen. Alle solchen Punkte sehen so aus wie der Schnittpunkt der inneren Flächen beim Tetraeder: Immer vier Kanten treffen sich in einem Punkt. Auch das gilt nur in unmittelbarer Nähe des jeweiligen Punktes.

Beide Eigenschaften sind also «lokale» Eigenschaften. Man nennt sie «Plateau-Regeln», weil sie zum ersten Mal von dem belgischen Physiker Joseph Antoine Ferdinand Plateau (1801–1883) formuliert wurden.

Global kann eine Seifenhaut so beschrieben werden, dass sie stets eine «Minimalfläche» bildet. Das bedeutet: Wenn man die Flächeninhalte all der kleinen Teilflächen zusammenrechnet, dann ergibt sich ein Minimum, also eine kleinstmögliche Zahl. Jede kleine Änderung des Gebildes – die zum Beispiel durch Schütteln oder vorsichtiges Anblasen entsteht – bewirkt einen größeren Gesamtflächeninhalt. Dies ist der Grund für die Stabilität eines Seifenhautgebildes. Es versucht stets, einen Zustand mit minimalem Flächeninhalt zu bewahren beziehungsweise wieder zu erreichen. Das Minimum ist nicht eindeutig, es gibt eine ganze Reihe von (stabilen) Minima. Beim Experimentieren merkt man immer wieder, wie die Seifenhaut von einem stabilen Zustand in einen anderen «springt».

Eine fantastische Anwendung fanden Minimalflächen bei der Konstruktion des Daches des Münchner Olympiastadions (1972). Die Architekten um Professor Frei Otto (1925–2015) experimentierten an der Universität Stuttgart intensiv mit Seifenhäuten auf Basis ganz unterschiedlicher Drahtgestelle – bis sie die endgültige Form fanden.

92
Die Riesenseifenhaut

Die Riesenseifenhaut ist das populärste Experiment des Mathematikums. Jeder Besucher probiert es aus. Und fast jeder fotografiert es. Man stellt sich in den Ring, zieht an dem Seil, der Reifen hebt sich nach oben und zieht die Seifenhaut mit. Wenn alles klappt, steht man für einige Augenblicke in einer großen Seifenblase.

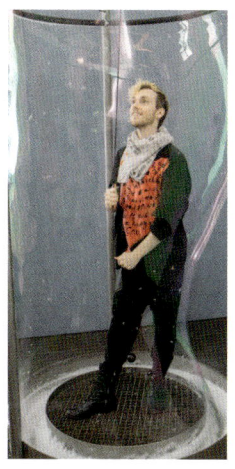

Wenn man die Chance hat, sollte man auch versuchen, die Seifenhaut nicht ganz nach oben zu ziehen, sondern nur etwa einen Meter hoch. Dann stellt sich eine stabile Form ein, die in der Mitte enger («tailliert») ist.

Hierbei handelt es sich ebenfalls um eine Minimalfläche. Unter allen denkbaren Minimalflächen ist die Riesenseifenhaut die einzige, die rotationssymmetrisch ist, die also von allen Seiten gleich aussieht.

Um die Form dieser Minimalfläche mathematisch zu beschreiben, muss man wissen, was eine Kettenlinie ist. Das ist die Kurve, die eine Kette bildet, wenn man ihre beiden Enden hochhält. Diese Kurve ist ausführlich im Abschnitt «Die Kettenlinie» (79) beschrieben. Nimmt man nun eine Kettenlinie, dreht diese um 90 Grad und lässt sie dann um eine senkechte Achse rotieren, erhält man eine rotationssymmetrische Minimalfläche – das, was man bei der Riesenseifenhaut sehen kann. Daher erklärt sich die Bezeichnung «Katenoid» (von lat. «catena» = Kette) für diese spezielle Minimalfläche.

93
Alles gerade, trotzdem rund!

Bei Flächen denken wir zunächst an ebene Flächen, etwa an eine Tischfläche oder an die Oberfläche eines Sees. Anhand der Oberfläche eines Sees wird uns bewusst, dass eine Fläche auch gewölbt sein kann; in der Mathematik spricht man von einer gekrümmten Fläche. Auch eine Kugeloberfläche ist eine Fläche.

Ebene Fläche und Kugeloberfläche unterscheiden sich in gewissem Sinn: Eine Ebene enthält ganze Geraden, während eine Kugeloberfläche von jeder Geraden in höchstens zwei Punkten geschnitten wird. Man könnte denken, das müsse so sein, denn «gekrümmt» und «gerade» scheinen sich zu widersprechen. Diese Vorstellung ist aber falsch; es gibt auch Flächen, die gekrümmt sind, dennoch ganze Geraden enthalten.

Das ist nicht so erstaunlich, wie es sich zunächst anhört. Bewegt man einen geraden Stab im Raum, überstreicht dieser eine Fläche, die sehr gekrümmt sein kann, auf der aber viele Geraden liegen. Durch jeden Punkt der Fläche geht eine Gerade.

Das zeigt in eindrucksvoller Weise die zehn Meter hohe Skulptur «Die Welt» des spanischen Künstlers Andreu Alfaro (1929-2012), die einem in Frankfurt am Main zwischen Hauptbahnhof und Messe ins Auge sticht.

Spannend wird es, wenn man fordert, dass durch jeden Punkt einer ge-
wölbten Fläche zwei Geraden gehen sollen. Solche Flächen sind mathematisch interessant, praktisch bedeutungsvoll (weil man sie beispielsweise
durch Stahlbeton gut herstellen kann) und ästhetisch reizvoll.

Der drehende Stab

Man nimmt eine flirrende Figur wahr. Ein
räumliches Objekt, oben und unten breit, in
der Mitte schmal; es hat eine Gestalt ähnlich
wie ein Kühlturm. Drückt man auf den roten
Knopf, bleibt alles stehen und man erkennt
nur noch einen geraden gelben Stab. Lässt
man den Knopf wieder los, beginnt der Stab
zu rotieren und erzeugt das flirrende Gebilde.

Bringt man den Stab noch einmal zum
Stillstand, kann man erkennen, dass dieser auf
einer Drehscheibe angebracht ist, und zwar
so, dass er die Drehachse (die man sich vorstellen muss) nicht treffen würde.

Der mathematische Hintergrund ist folgen-
der: Das Objekt, das der drehende Stab erzeugt, ist ein Hyperboloid. Betrachtet man das Objekt aus einer gewissen Distanz, erkennt man links und
rechts die Begrenzungskonturen. Es sind die beiden Äste einer Hyperbel.
Die Figur könnte also auch das Ergebnis der Rotation eines Hyperbel-Astes
um die Drehachse sein.

Ein Hyperboloid wird üblicherweise durch eine quadratische Gleichung
beschrieben. Für fest gewählte Zahlen a, b und c beschreibt die Gleichung
$x^2/a^2 + y^2/b^2 - z^2/c^2 = 1$ ein Hyperboloid. Zum Beispiel ist $x^2 + y^2 - z^2 = 1$ die
Gleichung eines Hyperboloids ($a = b = c = 1$).

Der britische Architekt und Naturwissenschaftler Christopher Wren
(1632–1722), Erbauer der St Paul's Cathedral, hat als Erster festgestellt, dass

man ein Hyperboloid durch Geraden überdecken kann. Genauer lautet der Satz, den er bewiesen hat: Wenn eine Gerade g um eine Achse h gedreht wird, wobei g und h windschief sind (das heißt sich weder schneiden noch parallel sind), dann überstreicht g ein Hyperboloid.

Dieser Satz ist eine Konstruktionsanleitung für ein Hyperboloid. Wir nehmen zwei kreisförmige Holzscheiben, die am Rand gleichmäßig mit Löchern versehen sind, und verbinden die beiden Scheiben zum Beispiel durch einen Stab in der Mitte. Daraufhin ziehen wir einen Faden, und zwar zunächst von irgendeinem Loch der oberen Scheibe zu irgendeinem Loch der unteren Scheibe, am besten um einige Positionen versetzt. Dann verbinden wir das nächste Loch der oberen Scheibe mit dem nächsten der unteren und so weiter. So erhalten wir ein eindrucksvolles Hyperboloid.

In der Tat gibt es zwei Mengen von Geraden, die ein Hyperboloid überdecken. Das kann man an dem folgenden großen Exponat im Mathematikum entdecken.

Alles gerade, trotzdem rund

Man sieht viele gespannte Schnüre. Sie sind auf augenfällige Weise geradlinig gespannt. Wenn man sich dieser Skulptur nähert, erkennt man, dass die Schnüre insgesamt eine runde, schöne Fläche formen. Das lässt sich gut auch durch Darüberstreichen mit der Hand erfahren. Schon erstaunlich: Aus ausschließlich geraden Linien erhält man, wenn man sie richtig zusammensetzt, eine «runde», sanft gewölbte Fläche.

Auch diese Fläche ist ein Hyperboloid, und der Satz von Wren sagt, dass diese Fläche von Geraden überdeckt wird. (Das, was wir sehen, ist natürlich nur ein Ausschnitt aus einem Hyperboloid. Das wirkliche Hyperboloid müssen wir uns unendlich erweitert vorstellen. Die beiden gelben Stangen sind unendlich lange Geraden und von jedem Punkt einer gelben Stange geht eine Schnur aus – die natürlich auch nur ein Teil einer unendlich langen Gerade ist.)

Man erkennt aber noch mehr! Dazu muss man wieder ein paar Schritte zurücktreten. Jetzt sieht man keine Fläche mehr, sondern es sieht so aus, als ob die Schnüre in einem Punkt zusammenlaufen. Eventuell muss man sich dazu ein bisschen nach rechts oder links wenden.

«Objektiv» sind die Schnüre noch alle hintereinander, aber unser Eindruck, dass alle Schnüre durch einen Punkt laufen, bedeutet, dass ein einziger Sehstrahl (nämlich derjenige, der mein Auge mit dem fiktiven Schnittpunkt verbindet) alle Schnüre trifft.

Mit anderen Worten: Neben den Schnüren gibt es noch eine zweite Sorte von Linien, die nur Punkte des Hyperboloids enthalten. Neben unseren Sehstrahlen sind das übrigens auch die beiden gelben Stangen, an denen die Schnüre festgemacht sind.

Aus welcher Position haben wir den Eindruck, dass sich die Schnüre in einem Punkt schneiden? Es ist genau dann der Fall, wenn sich unser Auge auf dem «unendlich vergrößerten» Hyperboloid befindet.

94
Kürzeste Wege auf dem Globus

Warum fliegt man von Frankfurt nach Los Angeles «oben herum» über Grönland und nicht auf dem «direkten Weg»? Jeder hat sich das wohl schon einmal gefragt. Unser Auge, auch unser «inneres Auge», ist durch die ebenen Landkarten geprägt, auf denen es in der Tat so aussieht, als sei die «geradlinige» Verbindung Frankfurt–Los Angeles auch die kürzeste.

Die Wirklichkeit ist aber anders. Denn die Erde ist nicht flach, sondern eine Kugel. Und die Geometrie auf einer Kugel steckt voller Überraschungen!

Hat man einen Globus vor sich, ist es ganz einfach: Wie in der Ebene auch lässt sich die kürzeste Verbindung zwischen zwei Orten dadurch realisieren, dass man eine Schnur spannt. Nun sieht man sehr deutlich, wie die kürzeste Verbindung auf der Kugel aussieht.

Zum Weiterdenken

Die kürzesten Verbindungen auf einer Kugel sind stets Abschnitte von sogenannten Großkreisen. Ein Großkreis ist der Schnitt einer Ebene, die durch den Mittelpunkt der Kugel geht, mit der Kugeloberfläche. Zum Beispiel sind die Längenkreise (Kreise durch Nord- und Südpol) und der Äquator Großkreise. Auf der Kugel spielen die Großkreise die Rolle der Geraden in der Ebene. Die kürzeste Verbindung zwischen den Punkten A und B auf der Kugeloberfläche lässt sich demnach folgendermaßen konstruieren: Zunächst bestimmt man die Ebene durch A, B und den Mittelpunkt der Kugel und bildet dann den Schnitt dieser Ebene mit der Kugeloberfläche.

Dreiecke auf der Kugeloberfläche haben interessante Eigenschaften. Zum Beispiel hat das Dreieck, das aus dem Äquator und zwei Längenkreisen gebildet wird, zwei rechte Winkel. Wenn sich die beiden am Nordpol im Winkel von 90 Grad treffen, hat das Dreieck sogar drei rechte Winkel!

Die Tatsache, dass uns die ebenen Landkarten ein falsches Bild der Erde vorgaukeln, hat mathematische, also unvermeidbare Gründe. Man kann nämlich beweisen, dass man keine guten Karten machen kann. Kein noch so kleiner Ausschnitt der kugelförmigen Erdoberfläche lässt sich verzerrungsfrei auf die Ebene abbilden, also so, dass alle Abstände stimmen.

In der «Kartographie» werden zahlreiche Methoden untersucht, wie «vernünftige» Karten auszusehen haben. Für die Seefahrt war die Verwendung guter Karten überlebensnotwendig. Für diesen Zweck waren «winkeltreue» Karten entscheidend; das sind solche, bei denen die Winkel mit den Winkeln auf der Erdoberfläche übereinstimmen. Der Geograph Gerhard Mercator (1512–1594) wurde auch dadurch berühmt, dass er 1569 als Erster eine winkeltreue Weltkarte konstruierte («Mercator-Projektion»). Diese war explizit auf die Bedürfnisse der Seefahrer ausgerichtet («ad usum navigantium»).

95
Das Möbiusband

Das «Möbiusband» ist im Grunde etwas ganz Einfaches, aber es bringt unsere Gedanken und Vorstellungen an den Rand des überhaupt Denkbaren und Vorstellbaren.

Herzustellen ist ein Möbiusband wirklich einfach: Man nehme einen Papierstreifen. Dessen Enden könnte man so zusammenfügen, dass ein Ring entsteht. Ein Ring ist ein einfaches Objekt, das wir gut kennen: Er hat eine Außenseite und eine Innenseite, eine obere und eine untere Kante, und wenn man den Ring längs in der Mitte durchschneidet, erhält man zwei Ringe.

Ein Möbiusband entsteht durch die scheinbar minimale Variation eines Rings. Wir nehmen einen Papierstreifen, halten die beiden Enden so aneinander, als wollten wir einen Ring machen – aber vor dem Zusammenkleben drehen wir ein Ende um 180 Grad. So entsteht eine Schleife, eben das Möbiusband. Dessen unglaubliche Eigenschaften wurden im Jahre 1858 von den beiden deutschen Mathematikern August Ferdinand Möbius (1790–1868) und Johann Benedict Listing (1808–1882) unabhängig voneinander entdeckt.

Die erste merkwürdige Eigenschaft des Möbiusbands bezieht sich auf seine Seite. Es hat nicht wie der Ring eine Innen- und eine Außenseite, sondern nur eine: Es gibt kein Innen und Außen. Um das klarzumachen, stellen wir uns den Entstehungsprozess des Möbiusbandes noch einmal vor. Wenn wir ein Ende des Streifens umdrehen, dann wird die Außenseite dieses Endes nach innen gedreht und mit der ehemaligen Innenseite des anderen Endes verbunden.

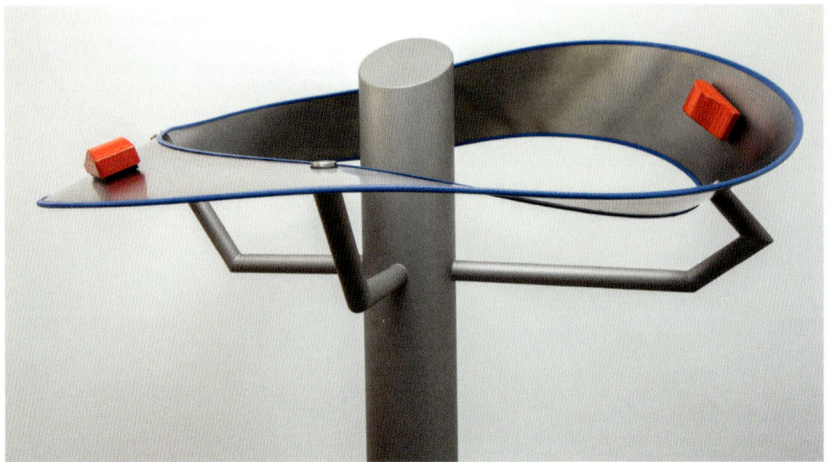

Tatsächlich hat das Möbiusband nur eine Seite. Beim Exponat im Mathematikum kann man mit einem Auto an jede beliebige Stelle fahren. Bei
einem Ring bliebe das Auto außen oder innen, je nachdem, wo es am Anfang war.

Eine zweite Eigenschaft des Möbiusbandes ist ebenso befremdlich. Denn
auch der Unterschied von oben und unten ist aufgehoben. Dazu betrachten
wir die Kanten des Papierstreifens. Die obere Kante des Endes, das wir
drehen, kommt durch das Drehen nach unten und wird mit der ehemaligen
unteren Kante vereinigt. Das kann man bei jedem Möbiusband verifizieren:
Wenn wir mit dem Finger die blaue Kante entlangfahren, kommen wir wieder zum Ausgangspunkt zurück – aber erst, nachdem wir überall waren!

Dieses Phänomen ist der Grund für ein erstaunliches Experiment: Bas-
teln Sie sich ein Möbiusband aus Papier. Nun nehmen Sie eine Schere und
schneiden das Band längs in der Mitte durch. Sie werden sehen: Das Band
zerfällt nicht, es bleibt ein zusammenhängendes Objekt! Warum? Nun, die
Kante wurde nicht durchgeschnitten. Das Möbiusband hat nur eine Kante,
und an der hängt alles. Es ist also durchaus logisch, dass noch alles zusammenhängt.

In der Mathematik spielt das Möbiusband – neben Kreis und Kugel – eine
wichtige Rolle als Grundobjekt der «Topologie», eines Gebiets der Geome-

trie, in dem man sich dafür interessiert, welche Eigenschaften eines Objekts bei stetiger Verformung erhalten bleiben.

Die Tatsache, dass das Möbiusband nur eine Seite hat, kann man dazu verwenden, die Abnutzung von Verbindungsbändern zu minimieren. Gestaltet man ein solches Band ringförmig, nutzt sich ausschließlich die Innenseite ab. Legt man es hingegen als Möbiusband, wird die gesamte Fläche gleichmäßig abgenutzt.

Die ästhetische Qualität des Möbiusbandes hat dazu geführt, dass es eine Reihe von Logos inspiriert hat. Zum Beispiel erinnert das von Victor Vasarely (1906–1997) entworfene Logo von Renault an ein plattgedrücktes Möbiusband. Das Logo der Commerzbank zeigt etwas Ähnliches, allerdings handelt es sich nicht um ein Möbiusband, sondern um ein Band, das vor dem Zusammenfügen um 360 Grad gedreht wurde.

Im Werk des Künstlers Max Bill (1908–1994) spielen das Möbiusband und verwandte «Verwicklungen» eine herausragende Rolle.

Kapitel 18
Geschichten
und Legenden

Mathematik lebt aus ihrer Geschichte und mit ihren Geschichten. Die wirkliche Geschichte der Mathematik zeigt viele erzählenswerte Begebenheiten, die für die innere Entwicklung der Mathematik wichtig sind. Umgekehrt sind manche der aus didaktischen Gründen erfundenen Geschichten zu Legenden geworden. Sie sind innerlich so stimmig, dass man glauben möchte, sie hätten sich wirklich ereignet.

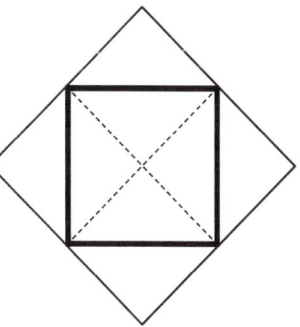

Die Geschichte vom Schachbrett

Schach ist nicht nur das Spiel der Spiele, sondern gibt auch Anlass zu vielen mathematischen Problemstellungen und Untersuchungen.

Das Schachspiel ist seit dem 6. Jahrhundert nachweisbar. Mehr als 1000 Jahre später setzte der französische Mathematiker Jean-Étienne Montucla (1725–1799) in seiner «Histoire des mathématiques» 1796 folgende Legende in die Welt:

Der Erfinder des Schachspiels war ein Weiser namens Sessa Ebn Daher, der das Schachspiel für seinen Herrscher Shehram erfunden hat. Dieser war so begeistert, dass er dem Weisen versprach, ihm jeden Wunsch zu erfüllen.

Da lächelte der Weise und sagte: «Ich wünsche mir nur, dass mir auf das erste Feld des Schachbretts ein Reiskorn gelegt wird, auf das zweite zwei, auf das dritte vier und so fort, immer auf das nächste doppelt so viel wie auf das vorige.»

Die Legende berichtet, dass der Herrscher den Erfinder aufgrund dieses «kindischen» Wunsches anfangs für einen Dummkopf gehalten habe – bis die Gelehrten seines Hofes ihm ausrechneten, wie viele Reiskörner das wirklich wären.

Mit ein klein wenig mathematischer Notation kann man diese Rechnung leicht nachvollziehen: Auf dem ersten Feld liegt 1 Reiskorn, auf dem zweiten liegen 2 Reiskörner, auf dem dritten 4, auf dem vierten 8 und so weiter. Das sind die Zahlen 2^0, 2^1, 2^2, 2^3, 2^4, ... Auf dem fünften Feld liegen also 2^4 Reiskörner, auf dem sechsten 2^5 und so weiter. Im Allgemeinen liegen auf dem n-ten Feld genau 2^{n-1} Reiskörner. Daher liegen auf den 64 Feldern des Schachbretts insgesamt genau $2^0 + 2^1 + 2^2 + 2^3 + 2^4 + ... + 2^{63}$ Reiskörner.

Diese Summe ist gleich $2^{64}-1$. Wenn man diese Zahl ausrechnet, erhält man unglaubliche 18 446 744 073 709 551 615 (18 Trillionen, 446 Billiarden, 744 Billionen, 73 Milliarden, 709 Millionen 551 Tausend und 615). Das ist viel mehr als die Jahresproduktion an Reis auf der gesamten Erde.

Das «Schachbrett» im Mathematikum versucht diese gigantischen Zahlen erfahrbar zu machen. In der untersten Reihe, also auf den Feldern 1 bis 8, kann man die Reiskörner noch ohne weiteres unterbringen. Auf dem achten Feld liegen $2^7 = 128$ Reiskörner, und man wundert sich, wie wenig 128 Reiskörner sind. In der zweituntersten Reihe kostet das schon Mühe: Auf dem 16. Feld müssten $2^{15} = 32\,768$ Reiskörner sein, und das ist etwa 1 kg Reis.

Ab dem 17. Feld kann man nur noch symbolisch arbeiten: In den entsprechenden Feldern stehen Modelle von Objekten, die in Wirklichkeit so viel wiegen, wie der Reis auf diesem Feld wiegen würde. Auf Feld 21 steht ein Kind, auf dem nächsten Feld ein Erwachsener. Man sieht deutlich, wie dramatisch die Zahlen zunehmen: Häuser, Flugzeuge, Schiffe, Raketen, ... Besonders interessant ist das Feld 54. Der Reis auf diesem Feld würde so

viel wiegen wie die gesamte (heutige!) Weltbevölkerung. Auf dem nächsten Feld sehen wir die jährliche Weltreisernte; diese hat also das doppelte Gewicht der Weltbevölkerung. Mit anderen Worten: Der Durchschnittsmensch verbraucht pro Jahr das Doppelte seines Körpergewichts an Reis! Genauso eindrucksvoll ist das Feld davor, das das halbe Gewicht der Weltbevölkerung darstellt. Darauf steht die jährliche Zuckererernte. Das heißt, dass der durchschnittliche Mensch pro Jahr die Hälfte seines Körpergewichts an Zucker zu sich nimmt.

Die Geschichte begann im Jahre 1883, als der französische Mathematiker Edouard Lucas (1842–1891) eine Story veröffentlichte, die so gut ist, dass die meisten Menschen glauben, sie sei wahr.

Lucas lässt die Geschichte von einem fiktiven «Prof. N. Claus (of Siam)» (Claus = Lucas) erzählen. Sie trägt den Titel «Der Turm von Hanoi» und lautet so:

Im Großen Tempel von Benares, unter dem Dom, der die Mitte der Welt markiert, ruht eine Messingplatte, in der drei Diamantnadeln befestigt sind, jede eine Elle hoch und so stark wie der Körper einer Biene. Bei der Erschaffung der Welt hat Gott vierundsechzig Scheiben aus purem Gold auf eine der Nadeln gesteckt, wobei die größte Scheibe auf der Messingplatte ruht und die übrigen, immer kleiner werdend, eine auf der anderen. Das ist der Turm von Brahma. Tag und Nacht sind die Priester unablässig damit beschäftigt, den festgeschriebenen und unveränderlichen Gesetzen von Brahma folgend, die Scheiben von einer Diamantnadel auf eine andere zu setzen, wobei der oberste Priester nur jeweils eine Scheibe auf einmal umsetzen darf, und zwar so, dass sich nie eine kleinere Scheibe unter einer größeren befindet. Sobald dereinst alle vierundsechzig Scheiben von der Nadel, auf die Gott sie bei der Erschaffung der Welt gesetzt hat, auf eine der anderen Nadeln gebracht sein werden, werden der Turm samt dem Tempel und allen Brahmanen zu Staub zerfallen, und die Welt wird mit einem Donnerschlag untergehen.

Das Experiment im Mathematikum beschränkt sich auf fünf Scheiben. Diese muss man auch nicht auftürmen, sondern in Löchern unterbringen. Wenn wir genauer hinsehen, erkennen wir, dass die roten und blauen Scheiben unterschiedlich groß und die Löcher trichterförmig sind, so dass

die kleinste Scheibe nach ganz unten gehört. Darauf kommt die zweit-kleinste und so weiter, bis die fünfte, größte Scheibe das Loch oben abschließt.

Zu Beginn des Experiments liegen alle Scheiben in einem Loch, die beiden anderen Löcher sind leer. Dann wird jeweils eine Scheibe umgelegt mit der einzigen Regel, dass nie eine größere Scheibe unter einer kleineren liegen darf. Das Ziel ist, irgendwann alle Scheiben in einem anderen Loch zu haben.

Man kann das einfach ausprobieren. Schnell merkt man aber, dass die Aufgabe schwieriger ist, als es zunächst den Anschein hatte. Ein mögliches Lösungsverfahren wird klarer, wenn man mit einer kleineren Anzahl von Scheiben startet.

Zunächst stellen wir uns das Experiment mit lediglich zwei Scheiben vor. Zu Beginn liegen diese in dem Trichter A, während die Trichter B und C leer sind. In dieser Situation ist das Problem einfach zu lösen: Zunächst legen wir die oberste Scheibe von A nach C, dann die zweite von A nach B und schließlich die große Scheibe von C nach B. Wir brauchen insgesamt drei Züge.

Mit drei Scheiben ist es schon ein bisschen schwieriger, man kann aber auch das allgemeine Schema erkennen. Zunächst die oberste Scheibe von A nach B, die zweite von A nach C und dann die größte von B nach C. Jetzt legt man die unterste Scheibe von A nach B und schließlich die oberste Scheibe von C nach A, die mittlere von C nach B und dann die größte von A nach B. Insgesamt brauchen wir sieben Züge.

Wir können das 3-Scheiben-Problem auch von einem höheren Standpunkt aus betrachten: Zunächst bringen wir die beiden obersten Scheiben von A nach C (3 Züge), dann die unterste Scheibe von A nach B (1 Zug) und schließlich die obersten beiden Scheiben von C nach B (wieder 3 Züge). Das ergibt eine Lösung mit $3 + 1 + 3$ Zügen.

Diese «höhere» Betrachtungsweise ermöglicht uns, das 4-Scheiben-Problem einfach zu lösen: zunächst die obersten 3 Scheiben von A nach C (7 Züge), dann die unterste Scheibe von A nach B, und schließlich wieder mit 7 Zügen die obersten drei Scheiben von C nach B. Also ist das Problem lösbar, und zwar in $7 + 1 + 7 = 15$ Zügen.

Für fünf Scheiben brauchen wir also $15 + 1 + 15 = 31$ Züge und für sechs Scheiben $31 + 1 + 31 = 63$ Züge.

Allgemein gilt: Bei n Scheiben braucht man doppelt so viele Züge wie bei n–1 Scheiben und noch einen Zug extra. Daraus lässt sich ableiten, dass man für das Umsetzen von n Scheiben $2^n - 1$ Züge benötigt.

Es ist nicht ganz einfach, die Zugfolge im Kopf zu behalten. Daher ist es schön, dass man die Zugfolge auch viel einfacher beschreiben kann. Im Mathematikum sind die Scheiben abwechselnd mit den Farben Rot und Blau gefärbt. Die Regel ist nun ganz einfach: Beim Umlegen einer Scheibe muss man nur darauf achten, dass nie zwei gleichfarbige direkt übereinanderliegen.

An dieser Stelle angelangt, können wir auch die Geschichte der 64 Scheiben im großen Tempel von Benares weitererzählen. Aufgrund unserer Formel wäre die Zahl der Scheibenbewegungen durch die Priester $2^{64} - 1$ oder 18 446 744 073 709 551 615.

Wenn die Priester Tag und Nacht arbeiteten und für jede Scheibenbewegung lediglich eine Sekunde benötigten, würde es 580 Milliarden Jahre lang dauern, bis alle Scheiben umgesetzt wären. Angesichts des bisherigen Alters des Universums von «nur» 14 Milliarden Jahren besteht also aus Sicht der Legende des Turms von Hanoi kein Grund zur Panik.

Beim Turm von Hanoi sind die Scheiben zu Beginn so geordnet, dass die größte unten und die kleinste oben liegt. Im Mathematikum verhält es sich genau umgekehrt. Daher auch der Titel dieses Experiments: «Ionah», das Wort «Hanoi» von hinten nach vorne gelesen.

98
Sokrates und der Junge

Die erste Lernszene der Weltliteratur ist der Mathematik gewidmet. Sie spielt vor langer Zeit im antiken Griechenland und wurde von dem Philosophen Platon (ca. 400 v. Chr.) erzählt. Die Werke Platons unterscheiden sich von den Veröffentlichungen aller anderen Philosophen dadurch, dass Platon ausschließlich «Dialoge» schrieb. Das sind Gesprächsszenen, in denen unterschiedliche Personen auftreten, unter denen sich aber immer Sokrates, der Lehrer Platons, befindet, durch dessen Fragen und Erläuterungen die platonische Weisheit deutlich wird. Die Dialoge sind jeweils nach einer ihrer Hauptpersonen benannt.

Im Dialog «Menon» wird unter anderem die Frage erörtert, wie das Lernen funktioniert. Platon ist der Ansicht, dass Lernen nicht bedeutet, dass uns etwas Neues eingetrichtert wird, sondern dass im Grunde alles schon in uns vorhanden ist. Wir müssen uns nur daran «erinnern» oder daran erinnert werden.

Genau dies möchte Sokrates in diesem Dialog nachweisen. Er sagt explizit, dass alles Wissen und Können schon in uns steckt, selbst in einem ungebildeten Kind. Man muss das Wissen nur anregen beziehungsweise «herausholen». Diese Anregung geschieht bei Sokrates durch Fragen, die den Erkenntnisprozess leiten. Sokrates beteuert in diesem Dialog mehrfach: Das Kind wird das Ergebnis «finden, indem ich es immer nur frage und niemals belehre».

Inhaltlich geht es um Folgendes: Sokrates stellt einem Jungen, der noch nie Mathematikunterricht genossen hat, folgende Aufgabe: Konstruiere ein Quadrat, das doppelt so groß ist wie ein gegebenes Quadrat.

Es ist klar, dass der Junge die Lösung nicht kennt. So schlägt er spontan vor, ein Quadrat zu betrachten, das die doppelte Seitenlänge hat. Durch einfache Fragen bringt ihn Sokrates dazu, genau hinzuschauen, und dann erkennt der Junge, dass dieses Quadrat den vierfachen Flächeninhalt hat. Der nächste Vorschlag des Jungen ist ebenfalls naheliegend: Er glaubt, ein Quadrat mit dem Eineinhalbfachen der Seitenlänge habe den doppelten Flächeninhalt. Auch hier hilft die sokratische Methode des geduldigen Fragens; nach einiger Zeit kommt der Junge darauf, dass auch dies nicht die richtige Lösung ist.

So nähert sich der Junge nach vielen Umwegen und Fehlversuchen der richtigen Lösung. Sokrates stellt ihm die entscheidende Frage: «Die Linien, welche von einer Ecke zur gegenüberliegenden gehen (die ‹Diagonalen›), schneiden diese Linien nicht jedes Quadrat in zwei gleiche Teile?»

«Klar.»

«Und sind dies nicht auch vier Seiten, die ihrerseits ein Quadrat bilden?»

«Allerdings.»

«Wie groß ist nun dieses Quadrat?»

«Doppelt so groß wie das ursprüngliche!»

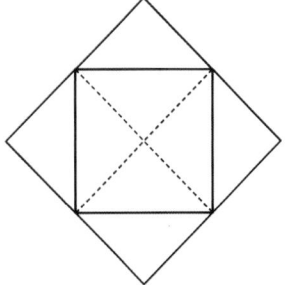

Dies ist also die Lösung – und damit hat der Junge die Aufgabe «von ganz alleine» gelöst, ohne dass ihm irgendjemand etwas «beigebracht» hat.

Diese Szene mit Sokrates und dem Jungen ist so markant, dass sie – auch unabhängig von der platonischen Idee des Lernens – Aufmerksamkeit und Interesse auf sich gezogen hat. Die darin vorgestellte «sokratische Methode» wurde viel und kontrovers diskutiert. Insbesondere wurde darauf hingewiesen, dass der Grat zwischen Fragen, die dem Lernenden einen Impuls geben und ihn weiterführen, und Suggestivfragen, die die Antwort im Grunde schon vorwegnehmen, sehr schmal ist.

In jedem Fall enthält die Szene aus «Menon» aber drei starke Botschaften für das Lernen von Mathematik:

1. *Jeder* kann Mathematik. Egal ob Mann oder Frau, jung oder alt, mit oder ohne Vorbildung.

2. Mathematik lernt man, indem man Mathematik *macht*. Nicht, indem man sich berieseln lässt. Man muss aktiv werden. Das ist manchmal anstrengend. Aber es geht nicht anders.

3. Wenn man vorankommen will, braucht man einen *Lehrer*. Und zwar einen guten. Einen, der (oder die) die richtigen Fragen stellt – und einem Zeit für Antworten lässt.

99
Die besten MathematikerInnen

Die Mathematik lebt von Aufgaben, ungelösten Problemen und herausfordernden Vermutungen. Immer wieder wurde die mathematische Forschung durch explizit formulierte unbewiesene Vermutungen angeregt.

Die berühmteste Vermutung stammt von Pierre de Fermat (1601–1665) aus dem Jahr 1637. Er behauptete, dass die Gleichung $x^n + y^n = z^n$ für $n > 2$ keine Lösung mit positiven ganzen Zahlen x, y, z hat. Es dauerte über 350 Jahre, bis diese Vermutung gelöst wurde. Im Jahr 1994 hat dies der britische Mathematiker Andrew Wiles nach jahrelanger einsamer Arbeit geschafft.

Legendär ist die Liste der 23 Probleme, die der Mathematiker David Hilbert (1862–1943) auf dem Weltkongress der Mathematik im Jahr 1900 angegeben hat. Diese haben die Mathematik des 20. und 21. Jahrhunderts entscheidend beeinflusst. Die meisten der Hilbertschen Probleme sind inzwischen gelöst, aber nicht alle.

Ein ungelöstes Problem ist die «Riemannsche Vermutung», die auch auf der Liste der «Millenniumsprobleme» steht. Diese Liste wurde im Jahr 2000 veröffentlicht; sie besteht aus sieben Problemen, für deren Lösung jeweils ein Preisgeld in Höhe von 1 Million Dollar ausgesetzt ist. Ein einziges dieser Probleme wurde bislang gelöst, nämlich die Poincaré-Vermutung. Diese wurde 2002 von dem russischen Mathematiker G. J. Perelmann (geb. 1966) bewiesen, der allerdings sowohl die Annahme der 1 Million Dollar als auch die der Fields-Medaille verweigerte.

Das Lösen von Aufgaben und Problemen ist definitiv eine wichtige Methode, um junge Menschen mathematisch zu fördern und ihnen zu zeigen, dass sie mathematisches Talent haben. Dazu gibt es seit hundert Jahren Wettbewerbe, in denen Schülerinnen und Schüler ihre geistigen Kräfte messen können.

Die Mathematikolympiade

Besonders schwierige Aufgaben sind bei der Internationalen Mathematik-Olympiade (IMO) zu lösen. Dies ist ein Wettbewerb für Schülerinnen und Schüler, der seit 1959 in wechselnden Ländern stattfindet. In zwei viereinhalbstündigen Klausuren müssen die Teilnehmer aus etwa 100 Ländern jeweils drei Aufgaben aus den Bereichen Geometrie, Algebra, Zahlentheorie und Kombinatorik lösen.

In der alten Bundesrepublik hat sich parallel zur Mathematik-Olympiade der «Bundeswettbewerb Mathematik» entwickelt, der ein Hausaufgabenwettbewerb ist, bei dem man für die Lösung der vier (schwierigen) Aufgaben viele Wochen Zeit hat. Heute werden sowohl die Mathematik-Olympiaden als auch der Bundeswettbewerb Mathematik in ganz Deutschland ausgetragen.

Hier zwei sehr unterschiedliche Beispiele von Aufgaben.
Aufgabe 1 der 1. Runde des Bundeswettbewerbs Mathematik 2012. (Diese Aufgabe ist als «leichte Einstiegsaufgabe» gedacht.)

Alex schreibt die sechzehn Ziffern 2, 2, 3, 3, 4, 4, 5, 5, 6, 6, 7, 7, 8, 8, 9, 9 in beliebiger Reihenfolge nebeneinander und setzt dann irgendwo zwischen zwei Ziffern einen Doppelpunkt, so dass eine Divisionsaufgabe entsteht.
Kann das Ergebnis dieser Rechnung 2 sein?

Hinweis für Ungeübte: Lösen Sie die Aufgabe mit den vier Ziffern 2, 2, 3, 3.

Aufgabe 6 der 50. Internationalen Mathematikolympiade 2009 in Bremen. (Diese Aufgabe gilt als eine der schwierigsten Aufgaben in der Geschichte der IMO; einer der wenigen Teilnehmer, die diese Aufgabe lösen konnten, war die damals 16-jährige Dresdner Schülerin Lisa Sauermann.)

Gegeben seien n verschiedene positive ganze Zahlen a_1, a_2, ..., a_n sowie eine Menge M von n-1 positiven ganzen Zahlen, die die Zahl $s = a_1 + a_2 + ... + a_n$ nicht enthält. Ein Grashüpfer springt entlang der reellen Achse, beginnend im Nullpunkt, wobei er n Sprünge nach rechts macht mit den Sprunglängen a_1, a_2, ..., a_n in irgendeiner Reihenfolge. Man zeige, dass man diese Reihenfolge so wählen kann, dass der Grashüpfer auf seinem Weg zum Ziel niemals in irgendeinem Punkt von M landet.

Hinweis für «Normalsterbliche»: Lösen Sie die Aufgabe mit den Zahlen $a_1 = 1$, $a_2 = 2$, $a_3 = 3$ (n = 3) sowie M = {3, 5}.

Statt Nobelpreis: Fields-Medaille

Es gibt keinen Nobelpreis für Mathematik. Vermutlich einfach deshalb, weil Alfred Nobel bei den Disziplinen, die der Menschheit «den größten Nutzen bringen», schlicht nicht an die Mathematik gedacht hat. (Man kann auch hören und lesen, dass Nobel deswegen keinen Preis für die Mathematik vorgesehen habe, weil der berühmteste schwedische Mathematiker seiner Zeit, M. G. Mittag-Leffler (1846–1927), ein Verhältnis mit seiner Frau gehabt habe. Da Alfred Nobel nie verheiratet war, also auch keine Frau hatte, mit der irgendjemand ein Verhältnis hätte haben können, entbehrt diese Legende leider jeder historischen Grundlage.)

Ein Äquivalent für den Nobelpreis ist die *Fields-Medaille*. Im Grunde ist diese sogar noch schwieriger zu bekommen als ein Nobelpreis. Denn die Fields-Medaillen werden nur alle vier Jahre vergeben, und zwar auf dem Weltkongress der Mathematik (ICM). Jedes Mal werden höchstens vier Medaillen vergeben – und man darf noch keine vierzig Jahre alt sein, wenn man eine Fields-Medaille bekommt. Das heißt, man muss in jungen Jahren etwas sehr Bedeutendes geleistet haben – und die Welt muss es schon gemerkt haben.

So konnte zum Beispiel eine der herausragendsten Leistungen der Mathematik des 20. Jahrhunderts, der Beweis der Fermatschen Vermutung durch Andrew Wiles, nicht mit einer Fields-Medaille ausgezeichnet werden, weil der 1953 geborene Wiles im Jahr 1998 schlicht zu alt war. Wiles erhielt stattdessen auf dem ICM 1998 in Berlin eine speziell für ihn gefertigte Silberplakette.

Die Konzeption der Fields-Medaille geht zurück auf den kanadischen Mathematiker John Charles Fields (1863–1932), der die Idee hatte, einen Überschuss, der beim ICM 1924 in Toronto übrig blieb, für die Auszeichnungen herausragender Mathematiker zu verwenden. Die Fields-Medaillen werden seit 1936 verliehen.

Die Fields-Medaille ist aus Gold und zeigt auf der Vorderseite den Kopf von Archimedes und die griechische Inschrift ΑΡΧΙΜΗΔΟΥΣ (Archimedes). Außerdem kann man den Spruch lesen TRANSIRE SVVM PECTVS MVNDOQVE POTIRI (lat. «Den eigenen Verstand überschreiten und sich der Welt bemächtigen»). Die Rückseite trägt die Inschrift CONGREGATI / EX TOTO ORBE / MATHEMATICI / OB SCRIPTA INSIGNIA / TRIBVERE («Die aus der ganzen Welt zusammengekommenen Mathematiker verliehen [die Medaille] aufgrund ausgezeichneter Schriften»). Auf dem Rand ist der Name des Preisträgers eingeprägt.

Im Mathematikum ist eine speziell aus Bronze gefertigte Kopie einer Fields-Medaille zu sehen. Es gibt weltweit nur noch zwei weitere solche Kopien; eine wird im Fields Institute in Toronto, Kanada, ausgestellt, die andere an der Geschäftsstelle der Internationalen Mathematiker-Union in Berlin.

Der einzige Deutsche, der bislang eine Fields-Medaille erhalten hat, ist Gert Faltings (geb. 1954), dem diese Ehre im Jahre 1986 zuteil wurde. Im Jahr 2014 wurde erstmals eine Frau mit einer Fields-Medaille ausgezeichnet, und zwar die in Stanford (U.S.A.) arbeitende Iranerin Maryam Mirzakhani (geb. 1977).

100
Mathematische Träume

Manchmal träumen Mathematiker. Kaum zu glauben, aber es ist so. Sie träumen von etwas Wunderbarem, von etwas, das sie gerne hätten, wofür sie viel geben würden. Etwas, das sich aber spätestens, wenn man aus dem Traum wieder aufwacht, als unerreichbar erweist.

Ein Schüler oder eine Schülerin träumt vielleicht von einer mathematischen Pille, die man nur einwerfen muss, und dann kann man Bruchrechnung. Vielleicht träumt er oder sie auch davon zu begreifen, warum $0,999... = 1$ sein soll.

Wenn man mehr von Mathematik versteht, träumt man vielleicht von einer Formel für Primzahlen oder davon, eines der Millennium-Probleme zu lösen, zum Beispiel die Riemannsche Vermutung, oder von unendlich vielen Primzahlzwillingen.

Jeder Mathematiker hat mindestens einmal davon geträumt, den «wahrhaft wunderbaren» Beweis für die Fermatsche Vermutung zu finden, von dem Fermat geglaubt hat, er habe ihn gefunden. Viele träumen von einem Beweis des Vierfarbensatzes ohne Computerhilfe.

Ich bin – wie die meisten Mathematikerinnen und Mathematiker – überglücklich, wenn ich eine Sekunde lang einen Blick in das «Buch der Beweise» werfen kann. In diesem Buch hat, so erzählte es der ungarische Mathematiker Paul Erdős, der liebe Gott die allerschönsten Beweise gesammelt.

Ganz persönlich träume ich davon, dass sich die Idee «Mathematik zum Anfassen» weiter verbreitet und bei vielen Menschen die Begeisterung und Freude an der Mathematik weckt.

Literaturhinweise

1. Die ältesten Zahlen

Absolon, Karel: Dokumente und Beweise der Fähigkeit des fossilen Menschen zu zählen im mährischen Paläolithikum. Artibus Asiae 20 2/3 (1975), 123–150.

Wickel, Gabriele: *Der Wolfsknochen. Ein Exponat zur Geschichte der Mathematik im «Mathematikum»,* in: Odefey, Alexander (Hg.): «Zur Historie der Mathematischen Wissenschaften», Beiträge zur Geschichte der Mathematik, der Naturwissenschaften und der Technik – Festschrift für Karin Reich zum 65. Geburtstag, Diepholz 2009, 17–30.

3. Ein Brotstein

Kalchthaler, Peter; Linke, Guido; Straub, Mirja (Hg.): Baustelle Gotik. Das Freiburger Münster. Freiburg 2013, 160–161.

30. Knack den Code!

Beutelspacher, Albrecht: Geheimsprachen. Geschichte und Techniken. München [5]2013.

48. Schwingende Kugeln

Das Exponat basiert auf der Publikation «Pendulum waves: A demonstration of wave motions using pendula» des amerikanischen Physikers Richard E. Berg aus dem Jahr 1991.

54. Formen fühlen

Hemme, Heinrich: Das große Buch der mathematischen Rätsel, Köln 2013, 273.

97. Der Turm von Ionah

Das dort erläuterte Verfahren ist beschrieben in Berlekamp, E.R.; Conway, J.H.; Guy, R.K.: Winning ways for your mathematical plays, Vol. 2 Games in particular. Academic Press, 754.

Bildnachweis

Der Autor

Prof. Dr. Dr. h.c. Albrecht Beutelspacher ist Professor für Diskrete Mathematik und Geometrie an der Universität Gießen sowie Gründungsdirektor des Mathematikums. Er ist Träger zahlreicher Auszeichnungen und Preise, darunter des Communicator-Preises des Stifterverbandes für die deutsche Wissenschaft (2000), des Deutschen IQ-Preis (2004), des Hessischen Kulturpreises (2008) sowie der Medaille für naturwissenschaftliche Publizistik der Deutschen Physikalischen Gesellschaft (2014). Bei C.H.Beck sind von ihm lieferbar: *Albrecht Beutelspachers Kleines Mathematikum. Die 101 wichtigsten Fragen und Antworten zur Mathematik* ([3]2013); *Geheimsprachen. Geschichte und Techniken* ([5]2013); *Zahlen. Geschichte, Gesetze, Geheimnisse* ([2]2015).